无公害甜瓜
致富生产技术问答

陈杏禹　主编

中国农业出版社

图书在版编目（CIP）数据

无公害甜瓜致富生产技术问答/陈杏禹主编．—北京：中国农业出版社，2013.9
（种菜致富技术问答）
ISBN 978-7-109-18269-1

Ⅰ.①无…　Ⅱ.①陈…　Ⅲ.①甜瓜—瓜果园艺—无污染技术—问题解答　Ⅳ.①S652-44

中国版本图书馆 CIP 数据核字（2013）第 201250 号

中国农业出版社出版
（北京市朝阳区农展馆北路 2 号）
（邮政编码 100125）
责任编辑　孟令洋

中国农业出版社印刷厂印刷　　新华书店北京发行所发行
2014 年 1 月第 1 版　　2014 年 1 月北京第 1 次印刷

开本：880mm×1230mm　1/32　　印张：6.125　　插页：4
字数：150 千字
定价：15.00 元
（凡本版图书出现印刷、装订错误，请向出版社发行部调换）

《种菜致富技术问答》

丛书编委会

主　　任　里　勇　蒋锦标

副 主 任　吴国兴　荆　宇　陈杏禹

委　　员　陈杏禹　迟淑娟　于红茹

张文新　郝　萍　王　爽

董晓涛　邢　宇　刘晓芬

杨怀国　张荣风　杨春玲

#《无公害甜瓜致富生产技术问答》

编委会

主　　编　陈杏禹

编写人员　张　吉　那伟民

周淑凤　程　宇

姜兴胜　冯振明

高凤菊

序

蔬菜是人们日常生活中不可替代的副食品，不论男女老幼，不分民族信仰，不管贫富贵贱，一日三餐少不了。蔬菜是重要的营养保健食品，人体健康所需生理活性物质（维生素、胡萝卜素、类胡萝卜素、酶、多糖等）、矿物质、食用纤维等，主要来源于蔬菜，蔬菜产业的可持续发展和蔬菜产品的安全有效供给是国民身体健康的基础性保障。蔬菜是极为特殊的商品，不仅要求商品数量充足、花色品种丰富（多样），而且多以鲜活的产品供应市场，新鲜度要求高，市场供求关系敏感性强、反应快，社会关注度大。发展蔬菜生产，保障蔬菜有效供给，既是促进农业增效、农民增收的重要经济问题，更是关系城乡社会安定和谐的重大政治问题。

20 世纪 80 年代中期以来，随着农村经济体制改革和种植业结构调整的不断推进，社会主义市场经济体制的逐步确立和不断完善，使蔬菜产业得到了持续快速发展。截至 2010 年，全国蔬菜（含西瓜、甜瓜、草莓，下同）播种面积 30 081.7 万亩，产量 66 915.7 万吨，分别比 1980 年增长 5.3 倍和 7.3 倍。其中，各类设施蔬菜面积达 5 020 万亩，

注：亩为非法定计量单位，15 亩=1 公顷。

约比1980年增长468倍多。其中塑料大中棚1 953.2万亩，塑料小拱棚1 918.2万亩，节能日光温室926.5万亩，普通日光温室173.5万亩，加温温室29万亩，连栋温室19.6万亩。另据FAO公布，同年中国蔬菜收获面积2 408万公顷，总产量45 773万吨，占世界的44.5%和50%，是世界上最大的蔬菜生产国和消费国。

随着蔬菜生产特别是设施蔬菜生产的持续快速发展，我国于20世纪80年代末实现了早春和晚秋蔬菜供应的基本好转，90年代中期基本解决了冬春和夏秋两个淡季蔬菜的生产供应的历史性难题。据匡算，2010年全国设施蔬菜产量已达2.47亿吨，人均占有量已达到185.7千克，周年供应的均衡度大为提高，淡季蔬菜的供应状况根本好转，实现了从“有什么吃什么到想吃什么有什么”的历史性转变。

“九五”期间，我国彻底告别了蔬菜短缺时代，人民生活总体达到了小康水平，蔬菜质量安全成为广大居民和社会舆论关注的焦点。为此，农业部于2001年开始实施“无公害食品行动计划”，蔬菜质量安全工作得到全面加强，质量安全水平明显提高。农业部多年例行抽检结果显示，按照国家标准判定，目前我国的蔬菜农药残留合格率都在95%以上，与2001年以前相比提高近30个百分点。但是，应该清醒地看到，现有的蔬菜质量安全成果是以强大的行政监管措施为保证的，无论哪个地方，只要行政监管稍有松懈，蔬菜农残超标率就会反弹，甚至发生质量安全事故。为了稳定提高蔬菜的质量安全水平，必须在全面加强对菜农的质量安全法规和职业道德教育的同时，大力普及无公害蔬菜生产技术。辽宁农业职业技术学院的吴国兴先生，从普及无公害蔬菜周年生产技术需要出发，从菜农的实际需要出发，从生产关键技术和菜农朋友想问的问题出发，主编了《种菜致富技术问答》丛书，全套丛书的编著者都是理论造诣深、实践经验丰富的专家和科技工作者，针对无公害蔬菜生产中常见问题和新时期的菜农特点，选择市场需求量大、经济效益高的蔬菜种类，采取问答式的表述方式，全面介绍周年无公害生产的新方法、新模式、新技术，内容系统完整，重点突出；理论贴近生产，技术科学实用；技术集成创新，措施操作性强；见解独到，深入浅出；表述简明扼要，语言通俗易懂，注重可接受性，菜农看了能懂、照着能做，既是菜农不可缺少的无公害蔬菜生产指南，也是基层农技人员指导无公害蔬菜生产的重要参考书。

值此丛书即将出版发行之际，谨作此序表示祝贺。

全国农业技术推广服务中心首席专家 张真和

2013.5.30

前言

甜瓜果实营养丰富，口味甜美，气味芳香，以作水果鲜食为主，也可加工成瓜干、瓜脯、果酱等，深受人们喜爱。我国是世界上甜瓜栽培面积最大、产量最高的国家。近年来，随着农业产业结构调整的不断深入和人民生活水平的提高，各种类型甜瓜的栽培面积不断扩大，从传统的露地栽培、地膜小拱棚栽培、塑料大棚栽培到日光温室栽培、无土栽培，栽培形式多种多样，基本实现了数量充足、品种繁多、满足供应的目标。尤其是冬春季节，各种类型的甜瓜作为高档水果供应，种植经济效益显著。逐步形成了新疆、山东、河南、河北、黑龙江、内蒙古等甜瓜优势产区。据统计，2010 年全国甜瓜种植面积 39.33 万公顷，产量 1 226.7 万吨。目前，种植甜瓜已成为我国广大农民致富增收的一项支柱产业。

为进一步提高甜瓜的商品质量和卫生安全水平，优化出口产品结构，提高国际竞争力，未来几年我国甜瓜产业的发展趋势是通过加强优良新品种的选育、引进、示范和推广，逐步建立优质低成本生产技术体系，完善甜瓜产品安全生产技术保障体系，促进产品采后商品化处理、贮藏、包装和运输技术的研发和推广，进一步提高甜瓜生产的经济效益。为此，我们集成先进的生产经验及研究成果，编写了此书，以通俗易懂的文字和农民朋友喜闻乐见的形式将优质甜瓜高产高效种植技术呈现给大家。并针对每一环节中的关键技术设立提示板，提醒农民朋友加以注意，以避免和减少操作失误。

本书在编著过程中参阅了大量专家学者的文献资料，在此表示诚挚的感谢！由于编者水平有限，书中疏漏和不妥之处，恳请读者批评指正。

编　者

2013 年 8 月

目录

序
前言

第一部分　无公害甜瓜生产的基本知识 ………………………… 1

1. 甜瓜有哪些生态类型，各有何特点？ ………………………… 1
2. 甜瓜的不同生育期各有什么特点？ ………………………… 2
3. 甜瓜的形态特征与栽培有什么关系？ ………………………… 4
4. 甜瓜有什么营养与药用价值？ ………………………… 6
5. 甜瓜对温度有什么要求？ ………………………… 7
6. 甜瓜对光照有什么要求？ ………………………… 8
7. 甜瓜对水分有什么要求？ ………………………… 9
8. 甜瓜对土壤营养有什么要求？ ………………………… 10
9. 无公害农产品认证经过哪些环节？ ………………………… 12
10. 无公害甜瓜周年生产对环境质量有哪些要求？ ………………………… 13
11. 无公害甜瓜周年生产病虫害防治的基本原则是什么？ ………………………… 15
12. 什么叫做农业防治？ ………………………… 16
13. 什么叫做生物防治？ ………………………… 18
14. 什么叫做物理防治？ ………………………… 20
15. 无公害甜瓜生产中哪些农药禁止使用？ ………………………… 21
16. 无公害甜瓜生产中怎样科学进行化学防治？ ………………………… 22
17. 无公害甜瓜施肥的原则是什么？ ………………………… 25

18. 无公害甜瓜生产推荐使用的肥料种类有哪些? …………… 26
19. 无公害甜瓜生产怎样正确施用有机肥? ………………………… 28
20. 无公害甜瓜生产怎样正确施用微生物肥? …………………… 30
21. 无公害甜瓜生产怎样科学施用化肥? ………………………… 31
22. 什么是测土配方施肥?测土配方施肥的
基本环节有哪些? ………………………………………………… 33
23. 无公害甜瓜的商品质量有什么要求? ………………………… 34

第二部分　无公害甜瓜的栽培设施 ……………………………… 36

24. 日光温室有哪些主要结构类型? ……………………………… 36
25. 日光温室怎样进行采光设计? ………………………………… 38
26. 日光温室怎样进行保温设计? ………………………………… 41
27. 怎样规划设计温室群? ………………………………………… 43
28. 竹木结构日光温室怎样建造? ………………………………… 45
29. 钢架结构日光温室怎样建造? ………………………………… 48
30. 日光温室应选用哪种塑料薄膜,怎样覆盖? ……………… 51
31. 日光温室内的小气候环境有什么特点?如何调控? ……… 52
32. 塑料大棚有哪些类型? ………………………………………… 55
33. 怎样规划设计塑料大棚? ……………………………………… 57
34. 竹木结构大棚怎样建造? ……………………………………… 61
35. 钢架无柱大棚怎样建造? ……………………………………… 64
36. 塑料大棚应选用哪种塑料薄膜,怎样覆盖? ……………… 66
37. 塑料大棚的小气候环境有什么特点?怎样调控? ………… 67
38. 怎样建造和应用塑料小拱棚? ………………………………… 69
39. 设施甜瓜栽培如何实施水肥一体化管理? ………………… 70

第三部分　无公害甜瓜的栽培技术 ……………………………… 73

40. 无公害甜瓜周年生产怎样安排茬口? ………………………… 73
41. 厚皮甜瓜有哪些优良品种? …………………………………… 74

42. 薄皮甜瓜有哪些优良品种? …… 78
43. 怎样铺设电热温床? …… 81
44. 甜瓜常规育苗怎样设置苗床? …… 83
45. 甜瓜常规育苗怎样计算播种量和苗床面积? …… 85
46. 甜瓜种子怎样进行浸种催芽? …… 86
47. 甜瓜常规育苗怎样播种? …… 88
48. 甜瓜常规育苗怎样分苗? …… 89
49. 甜瓜成苗期怎样管理? …… 90
50. 甜瓜怎样利用泥炭营养块育苗? …… 92
51. 甜瓜嫁接育苗有什么好处，怎样选择砧木? …… 94
52. 甜瓜嫁接前应做哪些准备工作? …… 96
53. 甜瓜常用嫁接方法有哪几种? …… 97
54. 甜瓜嫁接后怎样管理? …… 99
55. 甜瓜苗期易出现哪些生长异常现象? …… 101
56. 怎样培育甜瓜穴盘苗? …… 102
57. 什么是秸秆生物反应堆技术? …… 105
58. 怎样设置和使用内置式秸秆生物反应堆? …… 106
59. 怎样设置和使用外置式秸秆生物反应堆? …… 109
60. 日光温室冬春茬厚皮甜瓜怎样整地定植? …… 114
61. 日光温室冬春茬厚皮甜瓜怎样进行温度和光照调节? …… 115
62. 日光温室冬春茬厚皮甜瓜怎样追肥灌水? …… 117
63. 日光温室冬春茬厚皮甜瓜怎样整枝吊蔓? …… 118
64. 日光温室冬春茬厚皮甜瓜怎样进行保花保果? …… 121
65. 日光温室冬春茬厚皮甜瓜怎样留瓜和吊瓜? …… 122
66. 日光温室秋冬茬厚皮甜瓜怎样进行田间管理? …… 124
67. 大中棚春茬厚皮甜瓜怎样整地定植? …… 125
68. 大中棚春早熟厚皮甜瓜怎样进行温度和水肥管理? …… 127
69. 大中棚秋延后厚皮甜瓜怎样进行温度和水肥管理? …… 128

70. 日光温室早春茬薄皮甜瓜怎样定植和管理？ …………… 129
71. 塑料大棚春早熟薄皮甜瓜怎样定植和管理？ …………… 131
72. 双膜覆盖栽培的薄皮甜瓜怎样整地定植？ ……………… 133
73. 双膜覆盖栽培的薄皮甜瓜怎样进行田间管理？ ………… 136
74. 地膜覆盖栽培的薄皮甜瓜怎样压蔓、翻瓜、垫瓜？ ……… 138
75. 怎样鉴别甜瓜的成熟度？ ……………………………… 139
76. 甜瓜怎样采收？ ………………………………………… 141

第四部分　无公害甜瓜病虫害防治 ………………………………… 142

77. 防治甜瓜病虫害应掌握哪些基本知识？ ………………… 142
78. 甜瓜苗期有哪些病害？怎样防治？ ……………………… 144
79. 怎样防治甜瓜枯萎病？ ………………………………… 145
80. 怎样防治甜瓜蔓枯病？ ………………………………… 147
81. 怎样防治甜瓜炭疽病？ ………………………………… 148
82. 怎样防治甜瓜疫病？ …………………………………… 150
83. 怎样防治甜瓜菌核病？ ………………………………… 152
84. 怎样防治甜瓜白绢病？ ………………………………… 153
85. 怎样防治甜瓜细菌性角斑病？ ………………………… 154
86. 怎样防治甜瓜白粉病？ ………………………………… 156
87. 怎样防治甜瓜黑星病？ ………………………………… 157
88. 怎样防治甜瓜霜霉病？ ………………………………… 159
89. 怎样防治甜瓜大斑病？ ………………………………… 160
90. 怎样防治甜瓜（瓜笄霉）果腐病？ ……………………… 162
91. 怎样防治甜瓜病毒病？ ………………………………… 163
92. 怎样防治甜瓜根结线虫病？ …………………………… 165
93. 甜瓜有哪些常见生理障害？ …………………………… 167
94. 甜瓜保护地栽培中怎样防止药害的产生？ …………… 171
95. 怎样防治蚜虫？ ………………………………………… 172
96. 怎样防治温室白粉虱？ ………………………………… 174

97. 怎样防治美洲斑潜蝇？ …………………………………… 175
98. 怎样防治红蜘蛛？ ………………………………………… 177
99. 怎样防治蓟马？ …………………………………………… 178

参考文献 ………………………………………………………… 180

97. 怎样防治美洲斑潜蝇? …………………………………… 172
98. 怎样防治红蜘蛛? …………………………………………… 175
99. 怎样防治蓟马? ……………………………………………… 178

参考文献 ……………………………………………………………… 180

第一部分　无公害甜瓜生产的基本知识

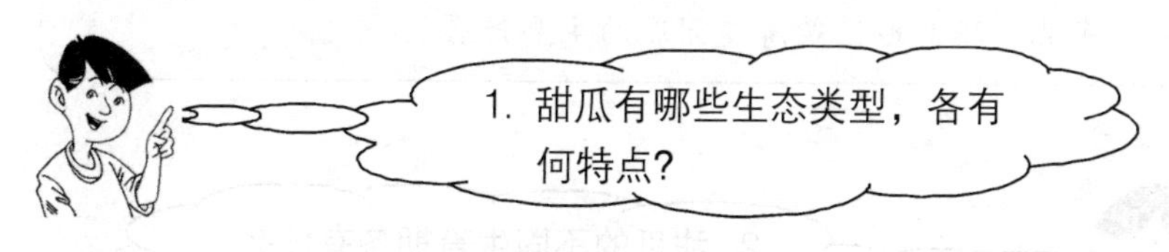

1. 甜瓜有哪些生态类型，各有何特点?

根据甜瓜的生态学特性，我国通常把甜瓜分为厚皮甜瓜与薄皮甜瓜两种类型。

(1) 厚皮甜瓜　起源于非洲、中亚（包括我国新疆）等大陆性气候区，生长发育要求温暖干燥、昼夜温差大、日照充足的气候条件，植株生长期间不耐过高的土壤湿度和空气湿度。厚皮甜瓜生育期长，植株长势强，叶色较淡，抗逆性差。果实大，瓜皮厚，肉也厚，产量较高，一般单瓜重1～3千克，最大可达10千克以上。果实肉质绵软，香气浓郁，可溶性固形物含量达10%～15%，有些品种可达20%以上。果皮较韧，耐贮运。

(2) 薄皮甜瓜　起源于印度和我国西南部地区，又称中国甜瓜、东方甜瓜、普通甜瓜、香瓜。喜温暖湿润气候，较耐湿抗病，适应性强。薄皮甜瓜植株长势较弱，叶色较深，抗逆性强。果实较小，一般单瓜重0.3～1千克，果实形状、果皮颜色因品种而异，可溶性固形物含量8%～12%，果肉或脆而多汁，或面而少汁。瓜皮较薄，可连皮带瓤食用，不耐贮运，适宜就地生产，就近销售。

提　示　板

厚皮甜瓜对环境条件要求严格，因此多在我国西北的新疆、甘肃等地种植，在华北、东北及南方均不能露地栽培，只能进行设施栽培。

薄皮甜瓜（香瓜）适应性较强，在我国，除无霜期短、海拔3 000米以上的高寒地区外，南北各地广泛栽培。东北、华北地区是薄皮甜瓜的主要产区。

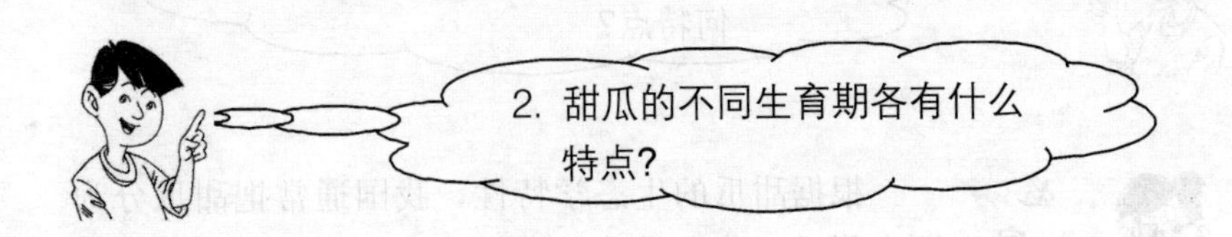

甜瓜的整个生育期大致可分为以下4个时期：

（1）发芽期　从播种至第一片真叶显露，在30～35℃条件下，约需1周。此期主要靠种子贮藏的养分来提供能量，根系和地上部干重增长很少，主要是胚轴的伸长。子叶是主要同化器官，其生理活动旺盛。

（2）幼苗期　从第一片真叶显露至幼苗具5～6片真叶的“团棵期”。在25℃条件下，需25天左右。此期幼苗生长缓慢，节间较短，呈直立生长，同时花芽和叶芽大量分化，因此需要创造良好的生育环境，满足花芽、叶芽分化的需求，为以后植株生长和结实打下基础。此期宜采取大温差管理，白天给予充足的光照，较高的温度（30℃左右），以提高同化效能，积累充足的营养，夜间给予15～18℃的低温有利于花芽分化和雌花形成。

（3）伸蔓期　从“团棵期”至第一朵结实花开放，约需20～25天。此期根系迅速扩展，吸收量增加，侧蔓不断发生，迅速伸长，

每 2～3 天就展开一片新叶，植株进入旺盛生长阶段。此期是植株建立强大的同化体系，为果实膨大奠定物质基础的关键时期。如管理不当，易出现两种情况：一是植株生长不良，表现为茎蔓细弱，叶面积小，雌花子房小，导致不能坐果或果实很小；二是茎叶生长过旺，不能在适当位置及时坐果，因而延误了生长季节。可通过肥水管理及植株调整来控制植株生长势，以确保营养生长与生殖生长的平衡。

（4）结果期　从结实花开放到果实采收为结果期，早熟品种需 20～40 天，晚熟品种需 70～80 天。此期又可细分为结果前期、结果中期和结果后期。

① 结果前期。自结实花开放到果实坐住，约需 7 天，此期是植株由营养生长为主转向果实生长为主的过渡期，植株长势虽较强，而果实生长则逐渐占优势。

② 结果中期。自果实迅速膨大至停止增大。此时植株总生长量达最大值，植株生长以果重增长为主，是果实生长最快的时期，日增长量达 50～100 克。同时茎叶的生长显著减少或停滞，是决定果实膨大的关键时期。

③ 结果后期。自果实停止膨大至成熟，营养生长停滞甚至衰退。此时果实体积增加很少，但果重仍有增加，主要是果实内部发生生理生化变化，糖分增加。这一过程早熟品种较短，晚熟品种较长，甚至有后熟现象。

提　示　板

甜瓜生育期的长短与类型和品种有关。一般而言，薄皮甜瓜生育期较短，厚皮甜瓜生育期较长；薄皮甜瓜品种间生育期长短的差异较小，而厚皮甜瓜品种间生育期长短的差异较大。

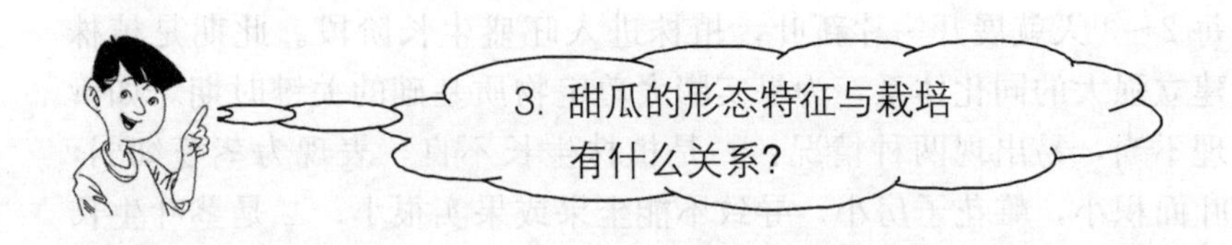

(1) 根 厚皮甜瓜根系强大，主根入土达 1.5 米，侧根扩展半径可达 2 米，根的吸收能力强，能充分利用土壤深层的水分，因此较耐干旱、贫瘠。薄皮甜瓜主根则较浅，深 50～60 厘米，主要根群呈水平生长。甜瓜的根系好气性强，要求土质疏松、通气性良好的土壤条件，故大部分根群多分布于 10～30 厘米的耕作层中。甜瓜根系木栓化程度高，再生能力弱，损伤后不易恢复，因此栽培中应采用护根育苗。

(2) 茎 甜瓜的茎在苗期节间短，可直立生长，4～5 片叶后节间伸长，爬地匍匐生长。茎中空，有条纹或棱角，上具刺毛。茎的分枝能力极强，主蔓的各个叶腋均能抽生子蔓，子蔓上发生孙蔓，孙蔓上还能再生侧蔓，只要条件适宜可无限生长。在自然生长状态下，甜瓜主蔓生长势较弱，长度不过 1 米，侧蔓生长十分旺盛，长度往往超过主蔓。

(3) 叶 甜瓜为单叶互生，叶形为圆形、肾形或心脏形，叶柄及主脉具短刚毛，正反面均被茸毛，叶缘不分裂或浅裂。叶腋处着生腋芽、花器及卷须。厚皮甜瓜叶片较大，叶柄较长，叶色浅绿且平展；薄皮甜瓜叶片较小，叶柄短，叶色深绿，叶片不太平展。

(4) 花 甜瓜的花着生在叶腋处，雌雄异花同株。雌花单生，雄花 3～5 朵簇生，多数品种雌花是具雄蕊的两性花，又称结实花。雌雄花均具蜜腺，属虫媒花，自花授粉和异花授粉都能结出果实。设施栽培因昆虫少，应进行人工辅助授粉。主蔓雌花出现较迟，子蔓、孙蔓雌花出现较早，通常在 1～2 节出现雌花。主蔓雌花比例仅 0.2%，子蔓达 11%，而孙蔓高达 40%～63%，故甜瓜多以子蔓

或孙蔓结果为主。开花时间主要取决于温度，一天当中早晨气温在20℃左右开花。

（5）果实　甜瓜的果实为子房和花托发育而成的瓠果，3～4个心室。幼果圆形或椭圆形，因果皮中含有大量叶绿素，故幼果一般为绿色，在成熟过程中叶绿素逐渐消失，在其他色素的作用下，果皮呈现黄、白、橘红、绿色等。成熟果实的形状因品种而异，有圆球、扁圆、长圆、椭圆、长卵圆和纺锤等形，果面特征有光皮、网纹、条沟、有棱等区别。果肉颜色有白、绿、橘红三种，肉质有绵软、脆之分。甜瓜果实成熟时，一般具有不同程度的芳香味。厚皮甜瓜的食用部分为中果皮和内果皮发育而成的果肉，胎座部分为空腔，以肉厚、腔小的品种为佳；薄皮甜瓜的食用部分为整个果皮和胎座，果肉较薄，腔室较大。果实的形状、颜色、大小、质地、含糖量、风味等因品种不同而异。

（6）种子　甜瓜种子扁平，椭圆形或长椭圆形，黄白色。厚皮甜瓜种子较大，千粒重30～80克；薄皮甜瓜种子小，千粒重5～20克。单瓜种子数400～600粒。

提　示　板

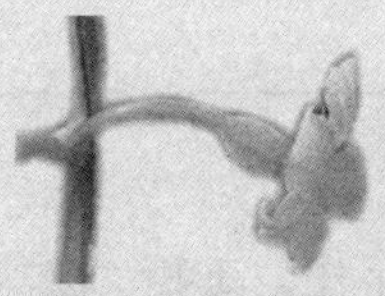

甜瓜花芽分化初期不分性别，随后才向雌性或雄性方向发展成雌花和雄花，雌花上雌雄蕊同时发育而成为两性花，又称结实花。甜瓜花芽分化期较早，幼苗具3片真叶时，主蔓叶芽已分化到17节，花芽已分化到13节，1~11节已分化侧蔓，其中1~9节侧蔓的花芽已分化。甜瓜的花芽分化受温、光条件的影响，低夜温和短日照有利于结实花的形成。昼温30℃，夜温18~20℃，8~12小时日照对甜瓜结实花的形成有利。

4. 甜瓜有什么营养与药用价值?

甜瓜果实中含有丰富的营养，每 100 克果肉中含碳水化合物 9.8 克，蛋白质 0.3 克，脂肪 0.1 克，钙 27 毫克，磷 12 毫克，铁 0.4 毫克，并含有胡萝卜素、硫胺素、核黄素、尼克酸等多种维生素及人体必需的 8 种氨基酸。此外，甜瓜中还含有可以将不溶性蛋白质转变成可溶性蛋白质的转化酶。甜瓜的果实除作水果鲜食外，还可加工成果干、果脯、果酱、果汁和罐头，其味甘甜芳香，是水果中的上品。

甜瓜的全株均可入药。果实能“止渴、除烦热、利小便、治口鼻疮”。瓜籽有排除结石、治疗便秘、脓疮和咳嗽的功效。现代研究表明，甜瓜籽还具有驱杀蛔虫、丝虫的作用。瓜蒂在中药中叫苦丁香，可治四肢浮肿，去鼻中息肉。苦丁香还是一味重要的催吐剂，治积食腹胀，并能催吐有毒食物。服用瓜蒂浸出液还能治疗黄疸及传染性肝炎。瓜蔓治血痢和高血压。花治心痛呃逆。瓜根也有治疗肝炎的作用。

提　示　板

研究表明，食用甜瓜除能够补充人体所需营养外，还具有一定的保健作用，即清暑热、帮助肾脏病人吸收营养、保护肝脏等。

甜瓜是喜温耐热作物，极不耐寒，遇霜即死。其生长适宜的温度为日温 26～32℃，夜温 15～20℃。甜瓜对低温反应敏感，白天 18℃、夜间 13℃以下时，植株发育迟缓，其生长的最低温度为 15℃，10℃以下停止生长，并发生生育障害，即生长发育异常。甜瓜对高温的适应性非常强，30～35℃仍能正常生长结果。特别是厚皮甜瓜，40℃条件下仍保持较高的光合作用。但对低温较为敏感，在日温 18℃、夜温 13℃以下植株生育缓慢。厚皮甜瓜的耐热性较薄皮甜瓜强，而薄皮甜瓜的耐寒性则较厚皮甜瓜强。薄皮甜瓜生长的适温范围较宽，而厚皮甜瓜生长适温范围相对较窄。

甜瓜不同生育阶段对温度要求也有明显差异。种子发芽的适温为 28～32℃，温度低于 25℃，种子发芽时间长且不整齐，温度越低，出苗时间越长，同时还可能出现烂种、死苗现象，温度低于 15℃种子不发芽，故早春甜瓜播种必须在 10 厘米地温稳定在 15℃以上时方可进行。幼苗期的温度高、低直接影响甜瓜的坐果和着花节位。较低的温度，特别是较低的夜温有利于结实花的形成，使其数量增加，节位降低。因此，要注意幼苗期夜温不可过高，超过 25℃时结实花推迟开放，节位升高。开花期最适温度为 25℃，夜温不低于 15℃，15℃以下则会影响甜瓜的开花授粉。果实发育期间以白天 28～32℃，夜间 15～18℃，保持 10℃以上的昼夜温差，有利于果实的发育和糖分的积累。白天高温有利于植株光合作用，制造较多养分；夜间较低温度有利于糖分的积累，减少呼吸作用的消耗，加速叶片同化产物向贮藏器官运转。

甜瓜全生育期的有效积温为早熟品种 1 500～2 200℃，中熟品种为 2 200～2 500℃，晚熟品种 2 500℃以上。

提　示　板

甜瓜茎、叶的生长和果实发育均需要有一定的昼夜温差。茎叶生长期的温差为 10~13℃，果实发育期的温差为 13~15℃。昼夜温差对甜瓜果实发育、糖分的转化和积累等都有明显影响，昼夜温差大，植株干物质积累和果实含糖量高；反之则积累少，含糖量低。

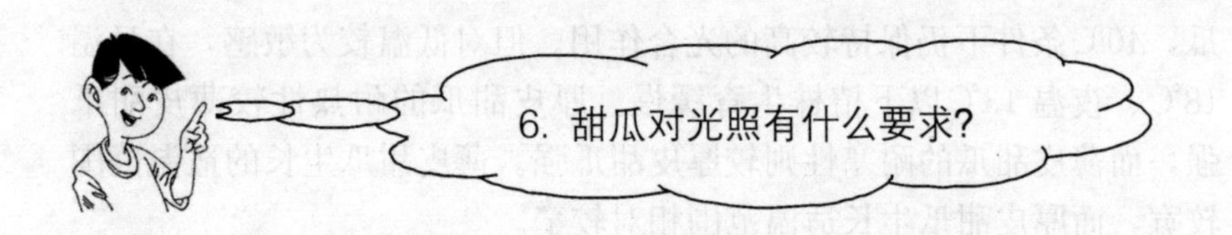

6. 甜瓜对光照有什么要求?

甜瓜为喜强光作物，生育期间要求充足的光照，在弱光下生长发育不良。植株正常生长通常要求10～12 小时的日照时数，在 8 小时以下的短日照条件下，植株生长不良。植株进行光合作用的光饱和点为 5.5 万～6 万勒克斯，光补偿点为 4 000 勒克斯。光照充足，甜瓜表现为株形紧凑，节间和叶柄较短，蔓粗，叶大而厚实，叶色浓绿；连阴天光照不足的条件下，表现为节间、叶柄伸长，叶片狭而长，叶薄色淡，组织不发达，易染病。苗期光照不足影响叶和花芽的分化；坐果期光照不足，植株表现为营养不足，花小、子房小，易落花落果；结果期光照不足，则影响物质积累和果实生长，表现为果实膨大慢，着色不良，香气不足，果实含糖量下降，品质差。尤其是厚皮甜瓜对光照度要求严格，而薄皮甜瓜则对光照度的适应范围较广。

甜瓜为短日性植物，日照长短对甜瓜的生长发育影响较大。每天10～12小时的日照有利于光合产物的积累和结实花的分化，表现为花芽分化提前，结实花节位低，数量多，开花早。如每天日照时数少于8小时，植株生长不良。

甜瓜不同的品种对日照总时数的要求也不同，早熟品种需1 100～1 300小时，中熟品种需1 300～1 500小时，晚熟品种需1 500小时以上。

提　示　板

甜瓜冬春季节育苗和栽培，光照不足是主要限制因子之一。管理上应想方设法争取光照，满足植株和幼苗生长的需求。遇连续阴天，最好利用高压汞灯、碘钨灯等进行人工补光。

甜瓜生长快，茎叶繁茂，叶片蒸腾量大，故需水量较大。据测定，一棵三片真叶的甜瓜幼苗，每天耗水170克；开花坐果期每株甜瓜每昼夜耗水达250克。大量的叶片蒸腾，调节植株温度，是甜瓜耐热的基本功能，也是糖分积累多的主要原因。但甜瓜的根系不耐涝，受淹后造成缺氧而致根系受损，发生植株死亡。所以应选择地势高燥的田块种植甜瓜，并加强排灌管理。

甜瓜的不同生育时期对水分要求不同，种子发芽期需要充足的水分，因而在播种前要充分灌水。苗期需水不多，但因植株根系浅，要保持土壤湿润，土壤适宜湿度为田间最大持水量的65%。伸蔓期至开花坐果期，是甜瓜需水较多的时期，应增加灌水量，保证土壤水分含量达田间最大持水量的70%。果实膨大期，土壤湿度要达到田间最大持水量的80%，缺水会影响果实膨大。果实成熟期，土壤湿度宜低，保持在田间最大持水量的55%～60%即可，但不能过低，否则易发生裂果。

甜瓜要求空气干燥，适宜的空气相对湿度为50%～60%。因此，空气干燥的地区栽培的甜瓜糖度高，香味浓。空气潮湿则植株长势弱，影响坐果，且果实味淡，品质差，还容易诱发各种病害。甜瓜在开花坐果前适应较高的空气湿度，但坐果后对高湿环境的适应性减弱。厚皮甜瓜对空气湿度要求严格，薄皮甜瓜耐湿性较强。设施栽培中，可通过覆盖地膜、控制浇水、通风排湿等措施控制大棚、温室内的空气湿度。

提　示　板

果实膨大期是甜瓜对水分的需求敏感期，果实膨大前期水分不足，会影响果实膨大，导致产量降低，且易出现畸形瓜；后期水分过多，则会使果实含糖量降低，品质下降，易出现裂果等现象。

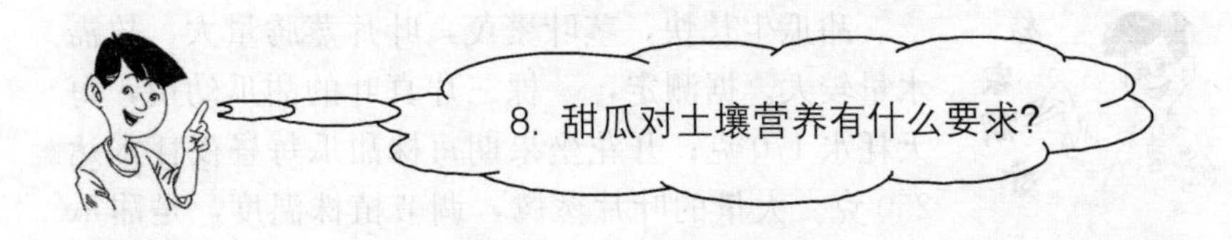

甜瓜对土壤条件的适应性较广，在沙土、沙壤土、黏土上均可种植，但以疏松、土层厚、土质肥沃、通气良好的沙壤土为最好。沙质壤土早春地温回升快，有利于甜瓜幼苗生长，果实成熟早，品质

好。但沙壤土保水、保肥能力差，有机质含量少，肥力差，植株生育后期容易早衰，影响果实的品质和产量。黏性土壤一般肥力好，保水、保肥能力强，在黏性土壤上栽培甜瓜，生长后期长势稳定。沙质土壤种植甜瓜，在生长发育的中后期要加强肥水管理，增施有机肥，改善土壤的保水、保肥能力；还要注意在早春多中耕，提高地温，后期控制肥水，以免引起植株徒长。

甜瓜耐盐碱性强，在 pH 7～8 之间能正常生育。据调查，甜瓜根系在土层含盐碱总量达 1.2%时，幼苗尚能生长，但以土壤含盐碱量在 0.74%以下，生长较好。在轻度盐碱土壤上种甜瓜，可增加果实的含糖量，改进品质。

甜瓜需肥量较大，每生产 1 000 千克产品需氮（N）4.6 千克，磷（P_2O_5）3.4 千克，钾（K_2O）3.4 千克。增施磷肥可以促进根系生长和花芽分化，提高植株的耐寒性。钾肥可以提高植株的耐病性。生产中应重视磷、钾肥的配合施用，三者的比例以 3.28∶1∶4.23 为宜。除氮、磷、钾外，钙和硼对甜瓜的生长发育也很重要。钙不足不仅影响果实含糖量，同时也损坏果实外观，使果皮泛白，网纹粗劣。硼对甜瓜糖分积累有一定影响，在缺硼地区种植甜瓜，会影响糖分的积累，果肉内产生茶褐色斑点。

提　示　板

甜瓜喜硝态氮肥，若铵态氮含量过高会影响甜瓜的光合效率，而且会造成铵中毒现象，使果实含糖量下降，网纹甜瓜果皮发青，商品性降低。因此生产中应尽量选用硝态氮肥。

甜瓜为忌氯作物，在含氯离子较高的土壤上生长不良。生产中不宜施用氯化铵、氯化钾等肥料，也不能施用含氯农药，以免对植株造成不必要的伤害。

9. 无公害农产品认证经过哪些环节?

根据《无公害农产品管理办法》(农业部、国家质检总局第12号令),无公害农产品认证分为产地认定和产品认证,产地认定由省级农业行政主管部门组织实施,产品认证由农业部农产品质量安全中心组织实施,获得无公害农产品产地认定证书的产品方可申请产品认证。具体操作环节如下:

(1)省级农业行政主管部门组织完成无公害农产品产地认定(包括产地环境监测),并颁发《无公害农产品产地认定证书》;

(2)省级承办机构接收《无公害农产品认证申请书》及附报材料后,审查材料是否齐全、完整,核实材料内容是否真实、准确,生产过程是否有禁用农业投入品使用和投入品使用不规范的行为;

(3)无公害农产品定点检测机构进行抽样、检测;

(4)农业部农产品质量安全中心所属专业认证分中心对省级承办机构提交的初审情况和相关申请资料进行复查,对生产过程控制措施的可行性、生产记录档案和产品《检验报告》的符合性进行审查;

(5)农业部农产品质量安全中心根据专业认证分中心审查情况,组织召开"认证评审专家会"进行最终评审;

(6)农业部农产品质量安全中心颁发认证证书、核发认证标志,并报农业部和国家认监委联合公告。

提　示　板

无公害农产品认证的办理机构是农业部农产品质量安全中心。无公害农产品认证是政府行为，认证不收费。目前我国无公害农产品认证依据的标准是中华人民共和国农业部颁布的农业行业标准。

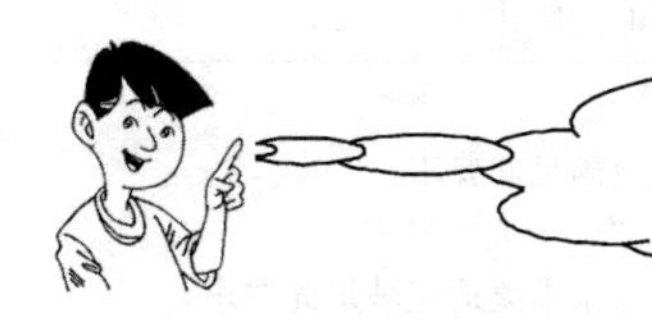

10. 无公害甜瓜周年生产对环境质量有哪些要求?

生产无公害甜瓜，首先应选择不受污染源影响或污染物含量限制在允许范围之内，生态环境良好的农业生产区域作为生产基地，彻底切断环境中有害物质对甜瓜产品造成的污染。具体指标可参照《无公害食品　蔬菜产地环境条件》（NY5010—2002）的规定，见表1、表2和表3。

表1　环境空气质量指标

项　　目	浓度限值			
	日平均		1小时平均	
总悬浮颗粒物（标准状态）（毫克/米^3）　≤	0.30		—	
二氧化硫（标准状态）（毫克/米^3）　≤	0.15[a]	0.25	0.50[a]	0.70
氟化物（标准状态）（微克/米^3）　≤	1.5[b]	7	—	

注：日平均指任何1日的平均浓度；1小时平均指任何1小时的平均浓度。

a. 菠菜、青菜、白菜、黄瓜、莴苣、南瓜、西葫芦的产地应满足此要求。
b. 甘蓝、菜豆的产地应满足此要求。

表 2　灌溉水质量指标

项　　目		浓度限值		项　　目		浓度限值	
pH		5.5～8.5		总铅（毫克/升）	≤	0.05[c]	0.10
化学需氧量（毫克/升）	≤	40[a]	150	铬（六价）（毫克/升）	≤	0.10	
总汞（毫克/升）	≤	0.001		氰化物（毫克/升）	≤	0.50	
总镉（毫克/升）	≤	0.005[b]	0.01	石油类（毫克/升）	≤	1.0	
总砷（毫克/升）	≤	0.05		粪大肠菌群（个/升）	≤	40 000[d]	

a. 采用喷灌方式灌溉的菜地应满足此要求。
b. 白菜、莴苣、茄子、蕹菜、芥菜、芜菁、菠菜的产地应满足此要求。
c. 萝卜、水芹的产地应满足此要求。
d. 采用喷灌方式灌溉的菜地以及浇灌、沟灌方式灌溉的叶菜类菜地应满足此要求。

表 3　土壤环境质量指标　　　单位：毫克/千克

项　目	含量限值					
	pH≤6.5		pH6.5～7.5		pH>7.5	
镉≤	0.30		0.30		0.40[a]	0.60
汞≤	0.25[b]	0.30[b]	0.30	0.50	0.35[b]	1.0
砷≤	30[c]	40	25[c]	30	20[c]	25
铅≤	50[d]	250	50[d]	300	50[d]	350
铬≤	150		200		250	

注：本表所列含量限值适用于阳离子交换量>5 厘摩尔/千克的土壤；若≤5 厘摩尔/千克，其标准值为表内数值的半数。

a. 白菜、莴苣、茄子、蕹菜、芥菜、苋菜、芜菁、菠菜的产地应满足此要求。
b. 菠菜、韭菜、胡萝卜、白菜、菜豆、青椒的产地应满足此要求。
c. 菠菜、胡萝卜的产地应满足此要求。
d. 萝卜、水芹的产地应满足此要求。

提　示　板

建立无公害蔬菜生产基地首先要监测其环境条件，包括土壤、水源和气体环境，证明它过去基本上没有遭受到污染，即“本底值”不高，同时还要经过调查研究，证明其附近没有较大的污染源（如化工厂、冶炼厂、造纸厂等排污企业），今后也不会产生新的污染。其次，灌溉水要用深井地下水或水库等清洁水源，并确保菜田距公路主干道100~150米，以防止汽车尾气和灰尘的污染。

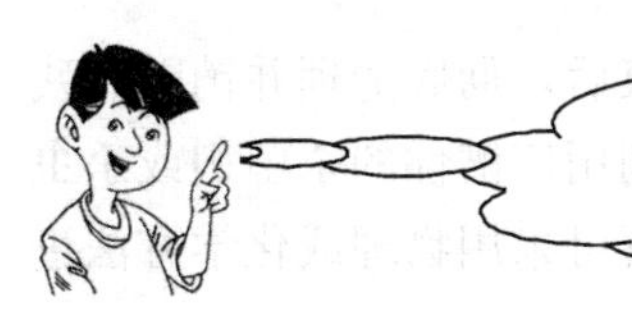

11. 无公害甜瓜周年生产病虫害防治的基本原则是什么?

甜瓜的病虫害防治，应贯彻“预防为主，综合防治”的植保方针，通过选用抗病品种，合理轮作换茬，培育壮苗，优化群体结构，深沟高畦栽培，科学施肥，创造一个有利于甜瓜生长发育的环境条件。加强植物病虫害的检疫和预测预报工作，优先采用农业防治、物理防治、生态防治、生物防治，配合科学合理的化学防治，将病虫害造成的损失控制在经济允许的范围内，达到生产安全、优质甜瓜的目的。

提　示　板

在综合防治中，要以农业防治为基础，化学防治必须慎选农药种类，严格掌握用药次数和剂量，在安全间隔期内施用，严禁使用高毒、高残留农药，必须按照农药安全使用规程操作。

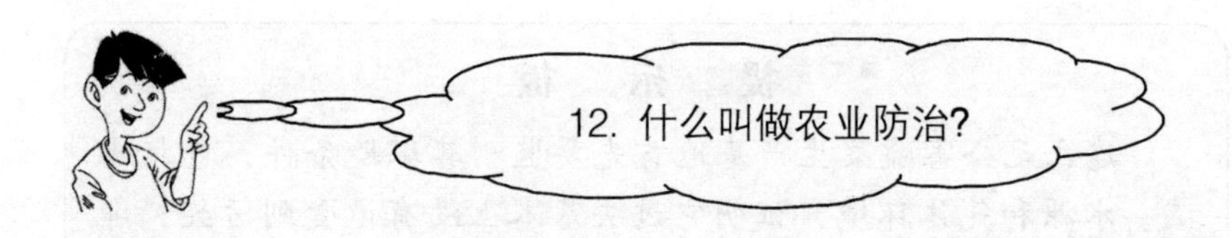

农业防治也叫栽培防治，就是利用科学的栽培管理技术措施，改善环境条件，使作物生长健壮，以增强作物对病虫草害的抵抗力，创造不利于病原物、害虫和杂草生长发育或传播的条件，直接或间接地消灭或抑制病虫草的危害，从而把病虫草所造成的经济损失控制在最低限度。具体措施如下：

（1）栽培场所消毒 上茬作物生产结束后，彻底清理并销毁病残体，以减少下一茬的病源和虫源。生产前利用广谱性的杀菌剂或杀虫剂对栽培设施进行熏蒸消毒。设施内的土壤可采用物理或化学方法进行全面消毒，杀死土壤中残留的病原物。

（2）培育无病虫适龄壮苗 选用适当的育苗方式和管理技术，培育出适龄无病虫害的壮苗，定植前再对秧苗进行严格的筛选，可以大大减轻或推迟病害发生。

①种子消毒。很多种病害可由种子带菌传播。播种前采取温汤浸种、高温干热消毒、药剂拌种、药液浸种等方法，都能较好地预防种子带菌传播的病害。

②嫁接换根。为防止瓜类枯萎病、茎基腐病和根结线虫等土传病虫害，可采用嫁接育苗。嫁接换根不但能有效地防止土传病害的发生，同时砧木强大的根系也有利于抵抗不良环境，促进植株生长，达到增产增收的目的。

③无土育苗。传统的育苗方式多采用土壤育苗，如苗床土壤消毒不彻底往往会引发猝倒病、立枯病等苗期土壤病害。如采用泥炭营养块育苗或工厂化穴盘育苗等无土育苗方式，不但能防止土传病害的发生，而且无土基质疏松透气，适宜蔬菜幼苗根系的发育，有利于培育壮苗。

④秧苗锻炼。无论采用何种育苗方式，定植前都必须进行低温炼苗，增加秧苗的抗逆性，以迅速适应定植后的环境，确保成活率。具体方法是从定植前7～10天开始，每天逐渐加大通风量，降低苗床的温度和湿度，使之逐步接近定植后的环境。

（3）土壤的轮作和休闲　菜田土壤应积极实行轮作和间、混、套种，使病原菌和虫卵不能大量积累，以起到控制病虫发生的作用。生产实践证明，周年连续种植易使菜田地力降低，栽培甜瓜易发生各种病害。因此，设施栽培在追求经济效益的同时，必须重视土壤的培肥与休闲。以越冬生产为主的温室，每年盛夏季节应停止生产，休闲1～2个月，进行土壤消毒和增施有机肥，种地和养地相结合，这样才能保证下茬蔬菜的产量和品质。

（4）改进栽培措施

①选用优质塑料薄膜。甜瓜设施栽培应选用保温、无滴、防尘的多功能复合薄膜。此类棚膜透光率比普通膜提高10%～20%，平均温度提高2～3℃，有利于甜瓜生长发育。日光温室栽培应每年更换一次棚膜，以保证透光率，并尽可能早揭晚盖草苫，延长光照时间。

②合理安排种植密度。提倡宽窄行种植，在单位面积株数不变的条件下，加大行距，减少株距，以利于通风透光，降低田间湿度，减少病虫害的发生。

③科学浇水。高畦双行地膜覆盖栽培，实行膜下滴灌，可有效降低温室内的空气湿度，提高土壤温度，增强植株抗逆性，显著减轻甜瓜霜霉病、疫病、枯萎病等危害。日光温室冬春季栽培，宜采用“熟水灌溉”，即灌水前将地下水或自来水在温室内的贮水池中贮存1～2天，使水温升至室温后方可灌溉，这样可以减少低温对根系的刺激，有利于防止病害的发生。

④遮阳避雨栽培。夏秋季节高温强光加上病虫害猖獗，给甜瓜生产和育苗带来了很大的困难。利用温室大棚骨架覆盖旧棚膜或遮阳网遮阳防雨降温，可大大减轻病毒病和蚜虫的危害，减少用药次数，提高产品品质。日光温室越冬茬作物转入露地越夏连秋栽培时，利用灰色遮阳网

覆盖可降低室温 2～3℃，降低地表温度 4～5℃，并可驱避蚜虫。

提 示 板

农业防治有“健身防病虫”的效果，但没有治病治虫的效果。因此，无公害甜瓜生产中应在采用农业防治的前提下，配合生物防治、物理防治和适当的化学防治，才能取得更好的效果。

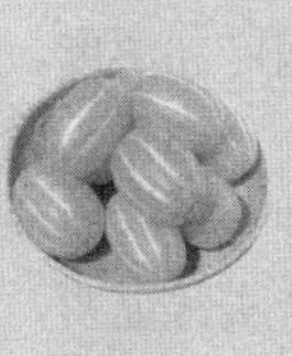

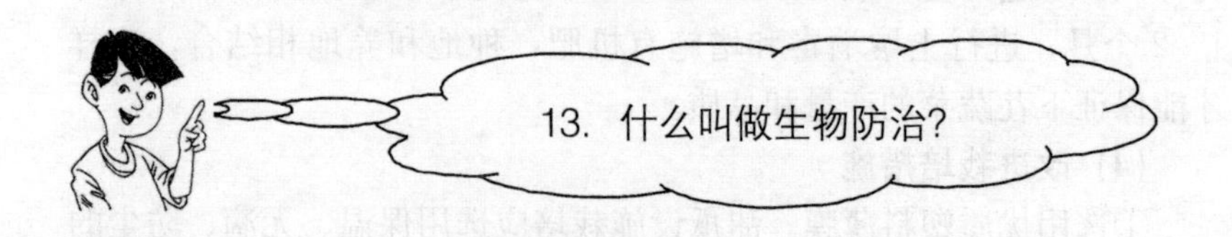

13. 什么叫做生物防治?

生物防治就是利用自然界中的有益生物或其代谢产物来防治作物病虫害。具体措施包括：

(1) 天敌治虫 指利用害虫的天敌，对害虫进行捕食或寄生的方法进行防治。无公害甜瓜生产基地应创造良好的生态环境，以利于鸟类、蛙类等害虫天敌的繁衍，从而减少害虫的数量。另外，也可通过人工饲养和商品化繁殖、施放进行防治。常用捕食性天敌有草蛉、瓢虫、植绥螨，可用于防治蚜虫、叶螨等害虫。常用寄生性天敌有赤眼蜂、丽蚜小蜂、蚜茧蜂等，可用于防治棉铃虫、温室白粉虱、蚜虫等害虫。

(2) 微生物治虫

①以细菌治虫。昆虫病原细菌已知的有 90 余种，常用的有苏云金杆菌、青虫菌等，其中苏云金杆菌应用较为广泛，市场上已出现多种苏云金杆菌制剂，如高效 Bt、复方青虫菌、大宝、7216 生物农药等，用于防治鳞翅目害虫效果较好。

②以真菌治虫。寄生于昆虫的真菌很多，其中可用作杀虫剂的有

白僵菌、绿僵菌和虫霉。白僵菌可防治玉米螟、大豆食心虫，绿僵菌可防治蛴螬，虫霉多用于防治蔬菜蚜虫。

③以病毒治虫。现发现寄生昆虫上的病毒主要是核型多角体病毒、颗粒体病毒和质型多角体病毒。用昆虫病毒与微生物或低毒农药生产的昆虫病毒复合杀虫剂，在生产上取得了较好的防治效果。

④以线虫治虫。昆虫病原线虫是寄生于昆虫体内的细丝形寄生虫。目前应用较多的小卷蛾线虫，是一种杀虫范围广的生物，能防治几百种不同的害虫。

(3) 以昆虫生长调节剂、性诱剂治虫　常用农药卡死克、抑太保、灭幼脲等均为昆虫生长调节剂，其作用机理是阻碍害虫的正常生长发育，从而达到防治效果。性诱剂则是用以防治害虫的性外激素或类似物，可用来直接诱杀害虫。

(4) 以植物疫苗治病　利用植物疫苗抗性诱导剂防治植物病害，对一些难以控制的病害效果明显。

(5) 以农用抗生素治病虫　农用抗生素是微生物的代谢产物，属于生物源农药的范畴，因其具有高效、易分解、无残留、不污染环境等优点，日益受到人们的重视。依据其防治作用可分为农用抗生素（如中生菌素、多抗霉素、宁南霉素、链霉素、武夷霉素等）和农用杀虫素（多杀菌素、阿维菌素、浏阳毒素等）两大类。

(6) 以植物源农药治病虫　利用具有杀虫、杀菌作用的植物毒素，如烟碱、苦参碱、鱼藤酮、茴蒿素、大蒜素等制成的农药。

提　示　板

生物防治副作用少、污染少、环保效果佳等优点现已受到各界广泛重视，但由于成本高，技术复杂，目前正处于推广阶段。需要指出的是：生物防治见效慢，防治效果达70%~80%即为高效，应用时需加以注意。

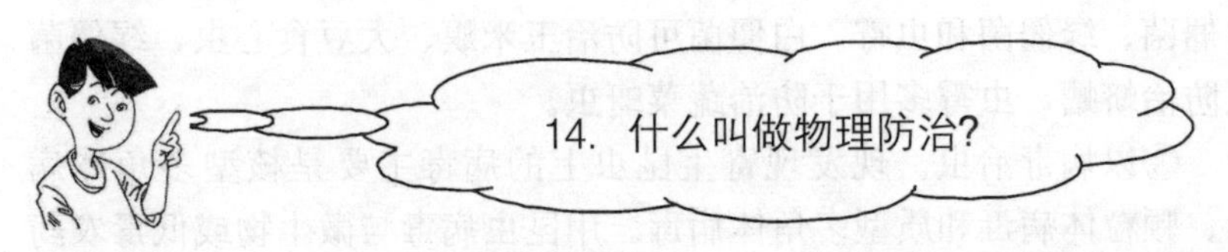

物理防治是利用简单工具和各种物理因素，如光、热、电、温度、湿度和放射能、声波等防治病虫害的措施。无公害甜瓜生产中常用措施如下：

(1) 诱杀害虫 诱杀害虫是根据害虫的趋光性、趋化性等习性，把害虫诱集杀死的一种方法。生产中常用的诱杀方法有黑光灯诱杀、糖醋毒液诱杀、杨柳枝诱杀、性诱剂诱杀、色板诱杀（黄板诱杀蚜虫、温室白粉虱和美洲斑潜蝇，蓝板诱杀蓟马）。

(2) 阻隔害虫 高温季节在温室大棚的通风口覆盖防虫网或遮阳网，除具有遮阳、防雨的作用外，还可以防止害虫迁飞。

(3) 驱避害虫 利用蚜虫对银灰色的负趋向性，覆盖银灰色遮阳网或银灰色地膜，或将灰色反光塑料膜剪成10～15厘米宽的挂条，挂于温室周围，可收到较好的避蚜效果。

(4) 高温杀虫灭菌 种子处理时利用高温杀灭种子内外附着的病原物，盛夏季节温室土壤高温消毒等。

(5) 土壤电处理技术 利用辽宁省大连市农业机械化研究所研制的3DT-90型土壤连作障碍电处理机，在土壤微水分条件下（土壤含水量低于40%），通过脉冲电流杀灭土壤中的害虫，而土壤水分电解产生的氧化性气体（如酚类气体、氯气和微量原子氧等），在土壤团粒缝隙逸散过程中可以有效杀灭引起土传病害的病原微生物。

提　示　板

现代物理农业是将电、磁、声、光、热、核等物理学原理通过一定的装备应用在农业生产中，应用特定的物理方法处理农作物，实现农业生产环境防控，减少化肥和农药的使用量，达到增产、优质、抗病和高效目的的一种新型农业生产模式。它包括声波助长技术，种子磁化、频谱处理技术，空间电场防病促生技术，电子杀虫技术等。

15. 无公害甜瓜生产中哪些农药禁止使用？

为提高甜瓜品质，降低农药残留，甜瓜生产禁止使用高毒、剧毒和高残留农药。

禁止生产、销售和使用的33种农药

甲胺磷　甲基对硫磷（甲基1605）　对硫磷（1605）　久效磷　磷胺　六六六　滴滴涕　毒杀芬　二溴氯丙烷　杀虫脒　二溴乙烷　除草醚　艾氏剂　狄氏剂　汞制剂　砷类　铅类　敌枯双　氟乙酰胺　甘氟　毒鼠强　氟乙酸钠　毒鼠硅　苯线磷　地虫硫磷　甲基硫环磷　磷化钙　磷化镁　磷化锌　硫线磷　蝇毒磷　治螟磷　特丁硫磷

限制使用的17种农药（*禁止在蔬菜上使用）

*甲拌磷（3911）　*甲基异柳磷　*内吸磷　*克百威（呋喃丹）　*涕灭威　*灭线磷　*硫环磷　*氯唑磷　水胺硫磷　*灭多威　硫丹　*溴甲烷　*氧乐果　*三氯杀螨醇　氰戊菊酯　丁酰肼（比久）　氟虫腈（锐劲特）

任何农药产品都不得超出农药登记批准的使用范围使用。

提　示　板

2005年以来，农业部先后四批推荐在蔬菜生产上用于替代甲胺磷等5种高毒农药的杀虫剂品种。其中用于防治蚜虫、白粉虱、烟粉虱的药剂包括吡虫啉、啶虫脒、吡蚜酮、除虫菊素、苦参碱、氯噻啉、噻虫嗪等。

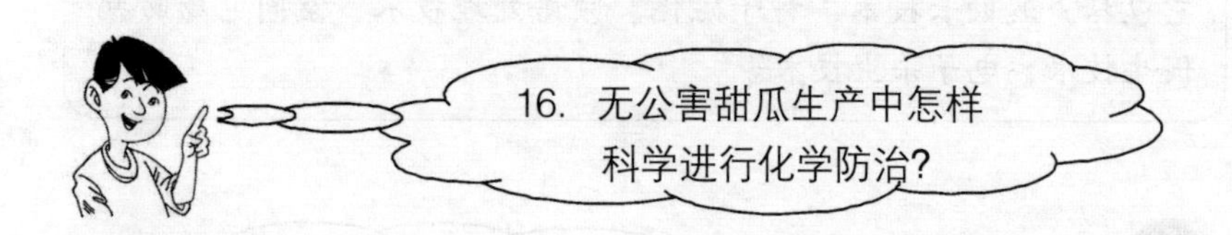

(1) 正确选择农药种类

①严格执行国家有关规定，绝对禁止在甜瓜生产上使用高毒、高残留农药，优先选用高效低毒、低残留的生物源农药。

②熟悉蔬菜病虫害种类，了解农药性质，做到对症下药，避免盲目用药。

(2) 掌握正确的用药方法

①适时适量用药。任何病虫害在田间发生发展都有一定的规律性，根据病虫的消长规律，讲究防治策略，准确把握防治适期，准确选用适宜的农药。施药时应按照农药使用说明书上标明的使用倍数和用药量用药，不得随意增加。超量用药不仅增加防治成本，还容易引起药害及增强病虫害的抗药性。

②正确交混用药。交混用药是指交替、混合使用作用方式等不同的药剂。同一地区连续、大量地长期使用同一种或同一类型药剂会使害虫、病菌等有害生物产生抗药性，降低防效；另外，对某一种作物来说，为了不同的目的，有时在同一时期内需要使用几种药剂，合理

混用可以起到兼治多种病虫和节省用工、降低成本的作用。

③选择适当的用药方式和优质药械。生产中根据病虫为害特点选择适当的施药方式。如防治叶部病害可采用喷雾、喷粉等方式，防治茎部病害可采用涂抹等方式，防治地下病虫害可采用灌根等方式。高质量的药械有助于提高药效，节省药量。

(3) 严格执行农药的安全间隔期 蔬菜体内农药残留量与最后一次施药距采收时间的长短关系密切。间隔期短，则农药残留量多，反之则少。因此，无公害甜瓜生产中一定要严格执行各种农药的安全间隔期。蔬菜常用农药的安全间隔期见表4。

表4 蔬菜常用农药安全间隔期

农药名称	安全间隔期（天）	农药名称	安全间隔期（天）
敌百虫	≥7	氰戊菊酯（速灭杀丁）	夏菜≥5，秋菜≥12
敌敌畏	≥5	氟氯氰菊酯（百树得）	≥7
乐斯本（毒死蜱）	≥7	顺式氯氰菊酯（快杀敌）	≥3
辛硫磷	≥5	三氟氯氰菊酯（功夫菊酯）	≥7
阿维菌素（爱福丁）	≥7	溴氰菊酯（敌杀死）	≥2
甲维盐	≥6	氯氰菊酯（安绿宝）	≥2
抑食肼	≥7	醚菊酯（多来宝）	≥7
乐果	≥5	顺式氰戊菊酯（来福灵）	≥3
抗蚜威（避蚜雾）	≥7	甲氰菊酯（灭扫利）	≥3
吡虫啉（一遍净、大功臣）	≥7	联苯菊酯（天王星、虫螨灵）	≥4
喹硫磷（爱卡士）	≥9	高效氯氰菊酯	≥10
溴螨酯	≥14	抑太保（定虫隆）	≥7
溴虫腈（除尽、虫螨腈）	≥10，十字花科≥14	卡死克	≥10
克螨特（炔螨特）	≥15	灭幼脲3号	≥15
		除虫脲（灭幼脲1号）	≥7

（续）

农药名称	安全间隔期（天）	农药名称	安全间隔期（天）
巴丹（杀螟丹）	≥21	扑虱灵	≥11
百菌清（达科宁）	≥7	可杀得（丰护安）	≥3
多菌灵	≥7	甲基托布津（甲基硫菌灵）	≥5
代森锌	≥15	代森锰锌（大生）	≥15
福美双	≥7	托尔克	≥7
异菌脲（扑海因）	≥7	霜霉威（普力克）	≥5
三唑酮（粉锈宁）	≥7	农利灵（乙烯菌核利）	≥21
杀毒矾	≥5	腐霉利（速克灵）	≥15
甲霜灵（瑞毒霉、雷多米尔）	≥7	霜脲氰·锰锌（克露）	≥7，十字花科≥21
甲霜灵·锰锌	≥2	加瑞农（春雷氧氯铜）	≥7
乙磷铝	≥15	琥胶肥酸铜（DT）	≥3
施保功	≥10	苯醚甲环唑（世高）	≥10
井冈霉素	≥14	多抗霉素	≥7
春雷霉素	≥7	宁南霉素	≥14

提　示　板

无公害甜瓜生产并不是完全杜绝化学农药的使用，而是应该科学合理地使用化学农药，既要发挥农药的最大防效，又要把化学农药的使用量降低到最低限度，使上市蔬菜中的农药残留量控制在允许的范围内，保证产品质量达到安全无污染。

17. 无公害甜瓜施肥的原则是什么？

（1）无公害施肥原则　以有机肥为主，辅以其他肥料；以多元复合肥为主，单元素肥料为辅；以施基肥为主，追肥为辅。尽量控制化肥用量，一般每667米^{2}不超过25千克，化肥必须与有机肥配合施用，控氮、稳磷、增钾，针对性施用，提倡施用甜瓜专用肥，有机氮与无机氮比例为1∶1，少用叶面喷肥。

（2）平衡施肥原则　以土壤养分测定结果和甜瓜需肥规律为依据，按照平衡施肥的要求确定肥料的施用量，最高无机氮养分施用量为每667米^{2}15千克，无机磷肥、钾肥施用量视土壤肥力状况而定，以维持土壤养分平衡为准。

（3）营养诊断追肥原则　根据甜瓜生长发育的营养特点和土壤、植株营养诊断进行追肥，以及时满足甜瓜对养分的需要。对于连续结果的品种，追肥次数不要超过4～5次。

提　示　板

无公害甜瓜生产必须遵循上述施肥原则，增施有机肥，避免超量施入化肥。有机肥要充分腐熟，化肥要氮、磷、钾和中微量元素配合施用，防止偏施氮肥。最好根据土壤、植株和肥料特性进行测土配方施肥。

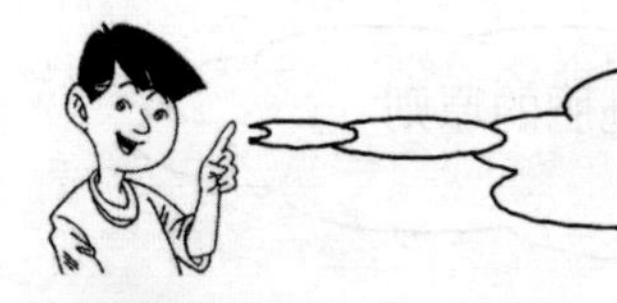

18. 无公害甜瓜生产推荐使用的肥料种类有哪些?

（1）有机肥 就地取材、就地使用的各种有机肥料。它由动植物残体、排泄物、生物废料等积制而成，包括：

①堆肥。以各类秸秆、落叶、柴草等为主要原料并与人畜粪便和适量泥土混合堆制，经好气微生物分解而成的一类有机肥。

②沤肥。所用物料与堆肥基本相同，只是在淹水条件下，经微生物嫌气发酵而成的一类有机肥。

③厩肥。以猪、马、牛、羊等家畜和鸡、鸭、鹅等家禽的粪尿为主，与秸秆、泥土等垫料堆制并发酵而成的一类有机肥料。

④沼气肥。制取沼气的副产物，是有机物料在沼气池密闭环境的嫌气条件下，经微生物发酵而成。

⑤绿肥。以新鲜植物体就地翻压或异地翻压，或经堆沤而成的肥料，主要分为豆科绿肥和非豆科绿肥两大类。

⑥作物秸秆肥。以麦秸、稻草、玉米秸、豆秸、油菜秸等直接还田作为肥料。

⑦饼肥。油料作物籽实榨油后剩下的残渣制成的肥料。如菜籽饼、棉籽饼、豆饼、花生饼、芝麻饼、蓖麻饼等。

⑧泥肥。以未经污染的河泥、塘泥、沟泥、港泥、湖泥等经嫌气微生物分解而成的肥料。

⑨腐殖酸类肥料。以含有酸类物质的泥炭、褐煤、风化煤等为主要原料，加入一定量的氮、磷、钾和某些微量元素制成的肥料，如腐殖酸钠、腐殖酸钾、腐殖酸铵等。

（2）微生物肥料 也称微生物接种剂。它是一种含有大量微生物活细胞，对土壤矿物和有机物等物质具有较强的降解和转化

能力，并使养分有效性提高的微生物制品。目前应用的生物菌肥主要有固氮、解磷、解钾、发酵分解有机物的作用，无毒无害、不污染环境，用于蔬菜作物上，不仅能大幅度提高产量，改善品质，而且能够逐步消除化肥污染，为无公害生产创造了条件。根据菌肥中有效微生物的特定功能可分为根瘤菌肥、固氮菌肥、解磷菌肥、解钾菌肥、抗生菌肥、复合微生物肥、光合细菌肥、酵素菌肥等。

(3) 有机无机复合肥　由有机和无机物质混合或化合制成的肥料。通常指经无害化处理后的畜禽粪便，加入适量的锌、锰、硼、钼等微量元素制成的肥料。如经无害化处理后的畜禽粪便，加入适量的大量及微量元素制成的有机无机复合肥料；发酵废液干燥复合肥料；利用动物体废弃物经粉碎发酵，添加适量矿质元素制成的蔬菜专用肥等。

(4) 无机（矿质）**肥料**　经物理或化学工业方式制成的，养分为无机盐形式的肥料，如氯化钾、硫酸钾、钙镁磷肥等。

(5) 叶面肥料　可直接喷洒于作物茎叶并能被其吸收利用的肥料，可以含有少量天然植物生长调节剂，不得含有化学合成的植物生长调节剂。如微量元素肥料，以铜、铁、硼、锌、锰、钼等微量元素及有益元素为主配制的肥料。植物生长辅助物质肥料，用天然有机物提取液或接种有益微生物的发酵液，再配加一些腐殖酸、藻类、氨基酸、维生素、糖等配制而成。

(6) 其他肥料　指不含有毒物质的食品、纺织工业的有机副产品，以及骨粉、骨胶废渣、氨基酸残渣、家畜家禽加工废料、糖厂废料等。可作蔬菜育苗基质。

提 示 板

无公害甜瓜禁止使用未经国家或省级农业部门登记的化肥或生物肥料；禁止使用重金属含量超标的商品有机无机复合肥。可用肥料中主要重金属含量指标应为：砷≤20毫克/千克、镉≤200毫克/千克、铅≤100毫克/千克。禁止使用未腐熟的有机肥，以及含城市垃圾、医院垃圾和工业垃圾的肥料。

甜瓜为忌氯作物，故生产中禁止施用含氯化肥，如氯化钾、氯化铵等。

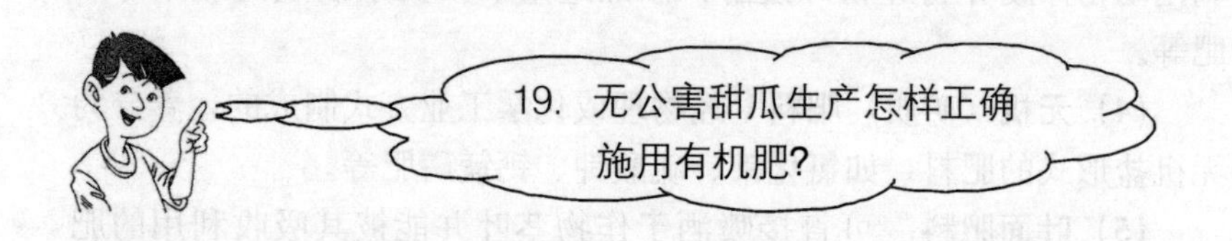

有机肥主要作基肥施用，施用时应注意以下几点：

（1）无论何种原料的有机肥，施用前必须经高温发酵，进行无害化处理。堆肥最高温度达50～55℃，持续5～7天，可杀灭有机肥中的有害生物，使之达到无害化标准。有机肥料，原则上就地生产就地使用。外来有机肥应确认符合要求后才能使用。商品肥料及新型肥料必须通过国家有关部门的登记认证及生产许可。

（2）城市生活垃圾作肥料施肥必须经过无害化处理，其有害生物含量、重金属含量必须低于国家规定的标准。且每年每667米^{2}农田限制用量，黏性土壤不超过3 000千克，沙性土壤不超过2 000千克。禁止使用有害的城市垃圾和污泥，医院的粪便垃圾和含有害物质如毒

气、病原微生物、重金属等的工业垃圾，一律不得直接收集用作肥料。

（3）秸秆还田可根据具体蔬菜对象选用堆沤（堆肥、沤肥、沼气肥）还田、过腹还田（牛、马、猪等牲畜粪尿）、直接翻压还田或覆盖还田等多种形式。秸秆直接翻入土中，一定要和土壤充分混合，注意不要产生根系架空现象，并加入含氮丰富的人畜粪尿调节碳氮比，以利秸秆分解。还允许用少量氮素化肥调节碳氮比。秸秆烧灰还田方法只有在病虫害发生严重的地块采用较为适宜。应尽量避免盲目放火烧灰的做法。

（4）栽培绿肥最好在盛花期翻压（如因茬口关系也可适当提前），翻压深度为15厘米左右，盖土要严，翻后耙匀。一般情况下，压青后20～30天才能进行播种或栽苗。

（5）腐熟达到无害化要求的沼气肥水及腐熟的人粪尿可用作追肥，严禁在蔬菜上使用未充分腐熟的人粪尿，更禁止将人粪尿直接浇在（或随水灌在）绿叶菜类蔬菜上。

（6）饼肥对水果、蔬菜等品质有较好的作用，腐熟的饼肥可适当多用。

提　示　板

有机肥料养分含量低，对作物生长影响不明显，不像化肥容易烧苗，而且土壤中积聚的有机物有明显改良土壤的作用，有些人就错误地认为有机肥料施用越多越好。实际上如果一次性施用大量有机肥，会造成土壤溶液浓度过高，使根系吸水困难而产生肥害。

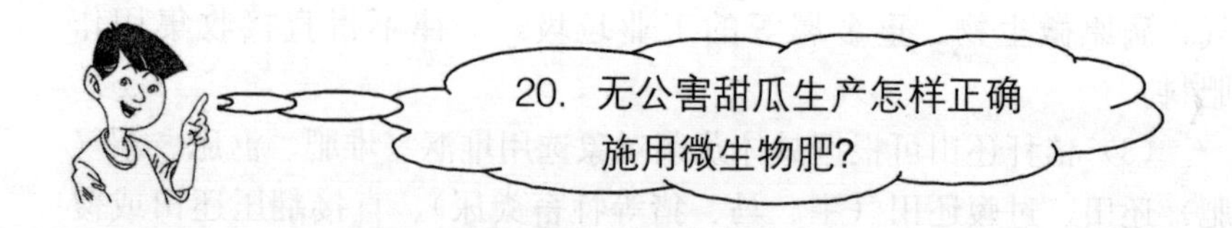

20. 无公害甜瓜生产怎样正确施用微生物肥?

微生物肥也称生物菌肥，是一种辅助肥料。它本身并不含有植物需要的营养元素，而是通过微生物的活动，起到改善作物养分供应，刺激根系生长，抑制有害微生物的作用。狭义的微生物肥是指微生物接种剂，包括根瘤菌菌剂、固氮菌菌剂、解磷类微生物菌剂、硅酸盐微生物菌剂、光合细菌菌剂等。广义的微生物肥料除微生物接种剂外，还包括复合微生物肥料（特定微生物与营养物质复合而成）和生物有机肥（特定微生物与有机肥复合而成）。

无公害甜瓜施用微生物肥料可拌种、浸种、蘸根，或作基肥、追肥。使用时应注意以下几点：

（1）避光、避热保存 微生物肥料的有效成分是有生命的生物体，故贮运过程中应注意避光、避热，防止有效菌失活。最好选用当年的产品，打开包装后要及时施用，不宜久放。

（2）选择适宜的施用方法 微生物肥料最好作基肥或种肥，效果优于叶面喷施。最适宜的施用时间是清晨或傍晚，避免高温强光杀死肥料中的有效菌。微生物接种剂一般每 667 米^2 用 2 千克左右，作叶面肥时通常每 0.5 千克对水 50 升左右喷洒叶背面。

（3）与有机肥、化肥配合施用 微生物肥料对作物有增产效果，但不能只施用微生物肥料，必须与有机肥和化肥配合施用，但化肥可以减少一半用量。

（4）改善土壤条件 有效菌施入土壤后，需要一个温暖、湿润、酸碱度适宜、透气性好的环境，才能大量繁殖和旺盛代谢，一般 15 天后方可见效，否则难以获得良好的使用效果，因此，建议冬季地温较低时不用微生物肥料。

（5）禁用杀菌剂　甜瓜整个生长过程中避免使用杀菌剂灌根，否则会抑制微生物活动，降低肥效。

提　示　板

不同生物菌肥中含有的有益微生物种类不同，不同微生物之间容易产生拮抗作用，争夺有机质、氧气、氮等养分。因此，使用生物菌肥，最好不要多种生物菌肥同时施用，以免降低肥效。

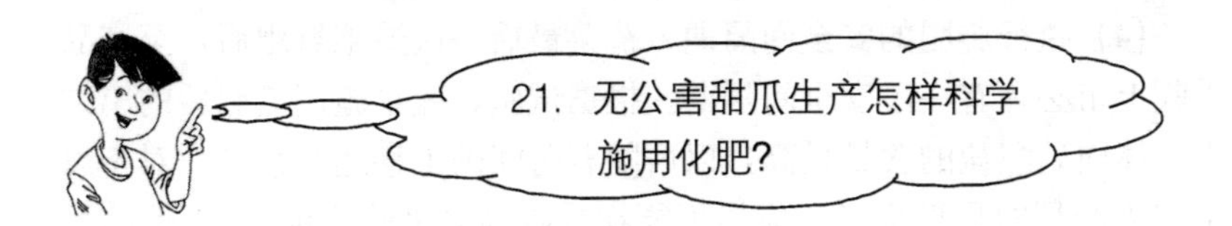

根据不同化肥所含营养元素不同，可分为氮肥类（如碳酸氢铵、尿素、硫酸铵等）、磷肥类（如过磷酸钙、磷矿粉、钙镁磷肥等）、钾肥类（如硫酸钾、氯化钾等）、复合（混）肥料（如磷酸二铵、磷酸二氢钾、氮磷钾复合肥、配方肥等）和微量元素肥（如硫酸锌、硫酸锰、硫酸亚铁、硼砂、硼酸、钼酸铵等）五大类。

无公害甜瓜生产科学施用化肥应注意以下几点：

（1）正确选择化肥种类　既应考虑养分含量，又应选用杂质尤其是重金属及有毒物质含量少、纯度高的肥料，还要根据土壤情况尽可能选用不致使土壤酸化的肥料。要重视氮、磷、钾肥的配合使用，偏施氮肥可使蔬菜体内的硝酸盐含量提高2～5倍。

（2）严格控制化肥用量　生产中应避免盲目超量施用化肥，一般情况下，每667米^{2}一次性施入化肥不超过25千克，尤其要限制氮素化肥的用量。

(3) 采用科学的施肥方法 坚持基肥与追肥相结合。化肥要早施、深施，一般铵态氮施于6厘米以下土层，尿素施于10厘米以下土层，以减少氮素挥发。追肥要结合浇水进行。化肥必须与有机肥配合施用，有机氮与无机氮比例为1∶1为宜，例如，施优质厩肥1 000千克加尿素10千克（厩肥作基肥、尿素可作基肥和追肥用）。化肥也可与有机肥、复合微生物肥配合施用，如厩肥1 000千克，加尿素5～10千克或磷酸二铵20千克，复合微生物肥料60千克（厩肥作基肥，尿素、磷酸二氢铵和微生物肥料作基肥和追肥用）。

(4) 执行施肥的安全间隔期 蔬菜最后一次追施氮肥后，至产品采收上市必须有一段安全间隔期。根据试验，蔬菜施用氮肥后的第二天，体内硝酸盐的含量最高，以后随着时间的推移逐渐减少。对于以果实为产品的甜瓜来说，应尽可能在采收高峰来临之前15天追施最后一次化肥。

提　示　板

无公害甜瓜生产不宜单施某一种化肥，因为作物对各种营养元素的吸收利用是同步进行的。单一施用某种化肥，不能满足甜瓜生长发育的需要。理想的方法是，先施有机肥，然后氮、磷、钾同微量元素合理搭配，科学施用。

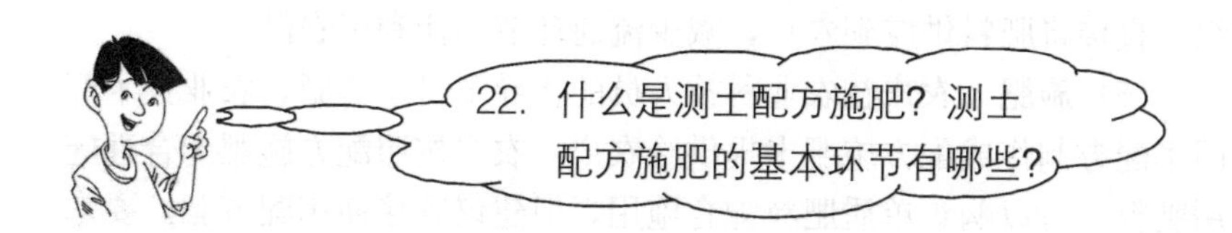

测土配方施肥，就是根据土壤肥力状况和作物的需肥规律，结合土壤保肥、供肥能力，在有机肥为基础的条件下，为使作物产量达到最大值，在产前提出氮、磷、钾和微肥的适宜用量和比例。施用时期和施用方法。概括来说，就是需要通过测土，了解土壤养分含量，根据不同的土壤条件和蔬菜作物的需肥规律，在农业技术人员指导下科学施用配方肥。测土配方施肥技术的核心是调节和解决蔬菜需肥和供肥之间的矛盾，同时有针对性地补充蔬菜所需的营养元素，蔬菜缺什么元素就补什么元素，需要多少补多少，实现各种养分的平衡供应，满足蔬菜的需要。

测土配方施肥包括测土、配方、配肥、供肥、施肥五个核心环节。

（1）土壤测试　测定土壤养分含量，了解土壤供肥能力。通过取土对土壤中氮、磷、钾及中微量元素养分分析化验，了解和掌握土壤的供肥能力。这是测土配方施肥的基础。土壤测试应在播种前进行，获取土壤基础肥力作为配方依据，也可在蔬菜生长期进行，为及时追肥提供依据。

（2）配方　根据土壤测试得到的土壤养分状况、甜瓜预计要达到的产量即目标产量以及甜瓜的需肥规律，结合专家经验，计算出所需要的肥料种类、用量、施用时期、施用方法等。一般由土壤肥料技术部门制定配方，也可以通过测土配方施肥专家系统进行配方。

（3）配肥　根据配方，由肥料生产企业生产甜瓜专用配方肥。所谓配方肥就是根据甜瓜不同生长期对不同养分的需求、土壤供肥性能和肥料效应，以各种单质化肥或复混肥为原料，采用掺混或造粒工艺制成适合特定区域的甜瓜专用肥。

(4) 供肥 由肥料经销商进行肥料供应，或由农业技术部门组织，直接将肥料供应到农户，减少流通环节，让利于农民。

(5) 施肥 农户在农业科技人员的指导下科学施肥。农业技术部门将配方制作成配方施肥卡提供给农户，农户按照配方施肥卡合理施用肥料。可以购买单质肥料配合施用，但建议直接使用配方肥。要掌握好施肥深度，控制好肥料与种子的距离，尽可能有效满足甜瓜苗期和生长发育中、后期对肥料的需要。用作追肥的肥料，更要看天、看地、看植株，掌握追肥时机，提倡水施、深施，提高肥料利用率。

提 示 板

配方施肥是一个动态管理的过程。使用配方肥料之后，要观察甜瓜生长发育情况，及时田间监测，详实记录，纳入地力管理档案，并及时反馈到专家和技术咨询系统，作为调整修订平衡施肥配方的重要依据。按照测土的数据和田间监测的情况，土肥专家不断进行研究，及时修改确定肥料配方，使平衡施肥的技术措施更具科学性。

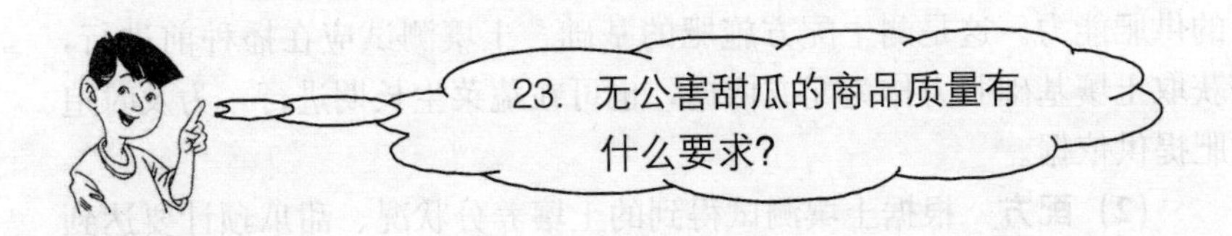

无公害甜瓜的质量标准包括外观质量和安全质量。

(1) 外观质量 果实应具有本品种的典型特征（如形状、大小、色泽、质地、风味），果面新鲜洁净，果实发育正常、形状端正，果皮颜色充分变深（深色果实）或充分褪绿转色（浅色果实）；无网纹品种的果实表面光滑发亮，茸毛消

退，网纹甜瓜品种果面上的网纹清晰、干燥、色深；具有贮运或市场要求的成熟度，果皮坚硬，果面部分稍微变软，瓜柄发黄或自行脱落（落蒂品种）。无霉变、腐烂、异味、病虫斑点或机械损伤。

（2）安全质量　根据NY5109—2005的规定，无公害甜瓜的安全指标应符合表5的要求。

表5　无公害甜瓜的安全指标

项　目	指标（毫克/千克）
乐果（dimethoate）	≤1.0
乙酰甲胺磷（acephate）	≤0.5
敌敌畏（dichlorvos）	≤0.2
三氟氯氰菊酯（cyhalothrin）	≤0.2
溴氰菊酯（deltamethrin）	≤0.1
氰戊菊酯（fenvalerate）	≤0.2
百菌清（chlorothalonil）	≤1.0
三唑酮（triadimefon）	≤0.2
多菌灵（carbendazim）	≤0.5
铅（以Pb计）	≤0.2
镉（以Cd计）	≤0.03

注：其他有毒、有害物质的指标应符合国家有关法律法规、行政规章和强制性标准的规定。

提　示　板

无公害甜瓜每批受检样品的感官不合格率按其所检单位的平均值计算，其值不应超过5%。其中任意一件的不合格率不应超过10%，判定该批次产品感官要求合格。感官要求、安全指标均合格，判定该批次产品合格。感官要求不合格或安全指标有一项不合格者，判定该批次产品不合格。如该批次产品标志、标签和包装不合格者，允许生产单位进行整改后申请复验一次。感官和安全指标检测不合格不进行复验。

第二部分　无公害甜瓜的栽培设施

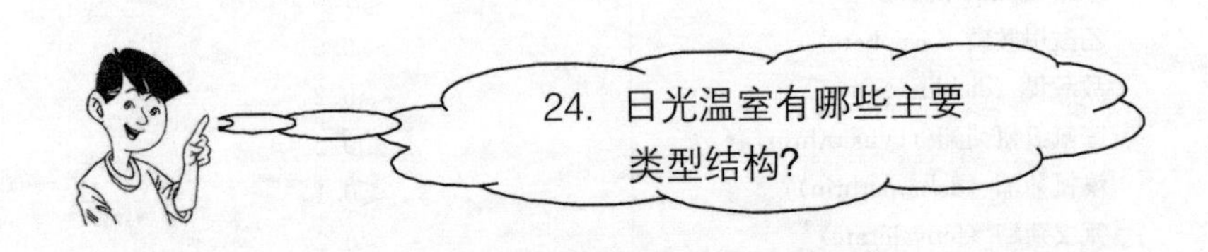

24. 日光温室有哪些主要类型结构?

(1) 按前屋面的构型划分

①一斜一立式温室。跨度7～8米，脊高2.5～3.1米，后屋面水平投影1.2～1.5米，前立窗高0.6～0.8米，前屋面采光角18°～23°，长度多为60～80米。代表类型如瓦房店的琴弦式日光温室，见图1。

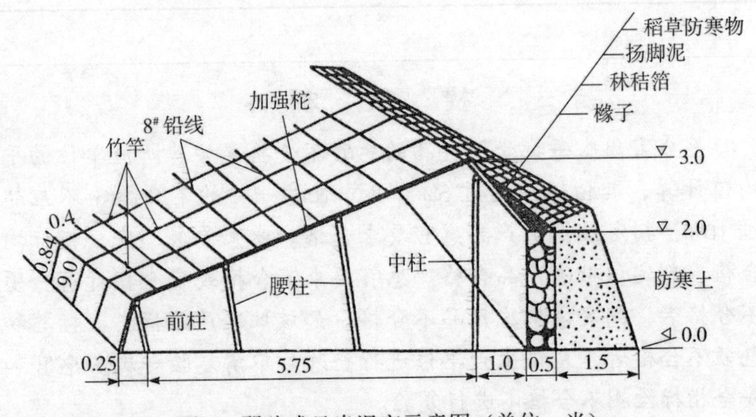

图1　琴弦式日光温室示意图（单位：米）

②半拱式温室。跨度、高度、长度与一斜一立式温室基本相同，主要区别是前屋面的构形为半拱圆形。这种温室采光性能良好，而且屋面薄膜容易被压膜线压紧，抗风能力强，见图 2。

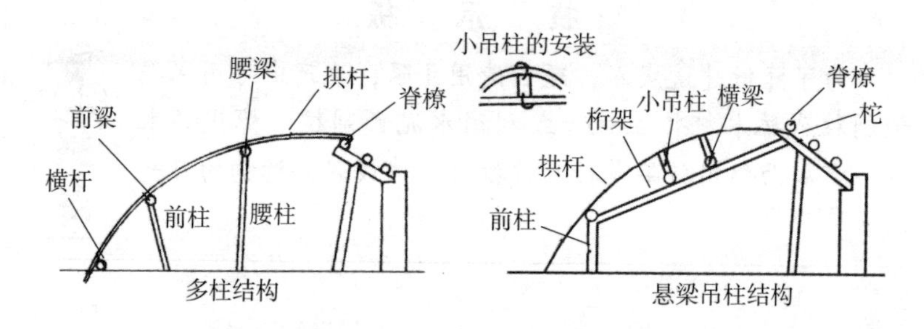

图 2　竹木结构半拱形日光温室示意图

(2) 按照建筑材料划分

①竹木结构日光温室。根据前屋面结构不同，可分为多柱结构日光温室和悬梁吊柱结构日光温室，见图 3。这种类型的温室用木杆作骨架，土筑后墙和山墙，后屋面用高粱秸或玉米秸勒箔后，抹草泥。前屋面用竹竿或竹片作拱杆，建造容易，充分利用农副产物，保温效果好，造价低廉，农民可自行建造。缺点是立柱多，遮光面大，作业不方便，也不便于多层覆盖。每年需要维修，比较麻烦。

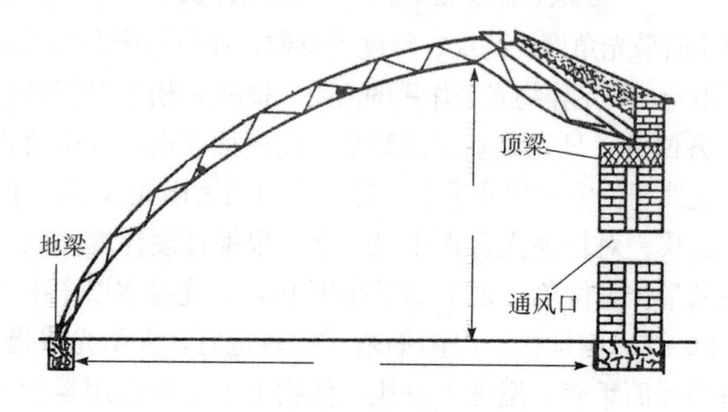

图 3　钢架结构日光温室示意图

②钢架结构日光温室。山墙和后墙均为砖墙，后屋面采用异质复

合结构，前屋面用镀锌钢管拱杆，无立柱，一次建成多年使用，采光好，作业方便，缺点是一次性投入较高。

提　示　板

为了降低建造成本，延长使用年限，生产中可用水泥预制柱代替木杆作立柱，或利用水泥预制柁、檩代替木杆，前屋面仍用竹竿或竹片作拱杆，建成混合结构的日光温室。

25. 日光温室怎样进行采光设计?

日光温室的热能来自太阳辐射，白天太阳升起后，光线通过前屋面透入温室内，由短波光转为长波光，产生热量，提高温度。透入室内的太阳光越多，升温越快，温度也越高。采光设计就是确定日光温室的方位角、前屋面采光角度、高度、跨度等参数，使前屋面在白天最大限度地透入太阳光，满足作物光合作用的需要，提高室内的气温和地温。

(1) 方位角　日光温室东西延长，前屋面朝南，方位角正南，正午时太阳光线与温室前屋面垂直，透入室内的太阳光最多，强度最高，温度上升最快，对作物光合作用最有利。根据地理纬度不同，温室可采用不同的最佳方位角。北纬40°左右地区，日光温室以正南方位角比较好。北纬40°以南地区，以南偏东5°比较适宜，太阳光线提前20分钟与温室前屋面垂直，温度上升快，作物上午光合作用强度最高，对光合作用有利；北纬40°以北地区，由于冬季外温低，早晨揭苫较晚，则以南偏西5°为宜，这样太阳光线与温室前屋面垂直延迟20分钟，相

当于延长午后的日照时间，有利于高纬度日光温室夜间保温。

方位角可用指南针测定，但指南针所指的正南是磁子午线而不是真子午线，真子午线与磁子午线之间存在磁偏角，需要进行矫正，各地磁偏角不同，详见表6。

表6　全国部分地区的磁偏角

地　区	磁偏角	地　区	磁偏角
齐齐哈尔	9°54′（西）	郑　　州	3°50′（西）
哈 尔 滨	9°39′（西）	长　　春	8°53′（西）
大　　连	6°35′（西）	沈　　阳	7°44′（西）
北　　京	5°50′（西）	赣　　州	2°01′（西）
天　　津	5°30′（西）	兰　　州	1°44′（西）
济　　南	5°01′（西）	西　　宁	1°22′（西）
呼和浩特	4°36′（西）	武　　汉	2°54′（西）
西　　安	2°29′（西）	银　　川	2°35′（西）
太　　原	4°11′（西）	杭　　州	3°50′（西）
南　　京	4°00′（西）	拉　　萨	0°21′（西）
合　　肥	3°52′（西）	乌鲁木齐	2°44′（东）

（2）前屋面采光角　采光角是指温室前屋面与太阳光构成的夹角。半拱形温室从温室最高点向前底脚连成一条斜线，与地面的交角为前屋面采光角。根据各地日光温室多年生产实践，全国日光温室协作网专家组提出了合理时段采光设计，即冬至前后从10时至14时，每天至少保证4小时温室前屋面透光率较高。按合理时段采光设计，前屋面的采光角度的简便算法为当地纬度减6.5°，即北纬40°地区以33.5°为适宜，最小不小于30°。

（3）后屋面仰角　后屋面仰角大小与温室内后部的光照有密切关系，仰角小后屋面平坦，后屋面在最寒冷的冬至前后见不到太阳光，温度上升慢；仰角过大，温度虽然上升快，但后屋面陡峭，不便于管理。日光温室后屋面的仰角应为冬至日太阳高度角再增加5°～7°。以北纬40°地区为例，冬至日的太阳高度角为26.5°，再加5°～7°，应为

31.5°～33.5°。后屋面仰角是由后墙高、后屋面水平投影长度等指标决定的。在设计时先确定温室的脊高，后屋面水平投影，后屋面仰角，然后再确定后墙的高度。

（4）跨度 从温室内后墙根到前底脚的距离为跨度。根据地理纬度不同温室的合理跨度也有差别。北纬40°以北地区多为6米跨度；40°以南地区则为7～7.5米。后屋面水平投影的长短，也与地区纬度有关，纬度越高水平投影越长，纬度越低水平投影越短，北纬40°以北地区水平投影应达到1.4～1.5米，40°以南地区1.2～1.3米，35°地区1米左右。

（5）高度 包括温室脊高和后墙高度。温室最高透光点到水平地面的距离为温室脊高，也叫矢高。脊高与跨度有关。日光温室后墙的高度与温室脊高和后屋面水平投影及后屋面仰角有关。不同纬度地区优型日光温室的断面规格见表7。

表7 不同纬度地区优型日光温室断面规格

单位：米

地理纬度	温室型式	跨度	脊高	后墙高	后屋面水平投影长
43°	Ⅰ	7.5	3.7～4.0	2.2～2.5	1.6～1.7
	Ⅱ	7.0	3.5～3.8	2.2～2.5	1.5～1.6
	Ⅲ	6.5	3.3～3.6	2.0～2.3	1.4～1.5
	Ⅳ	6.0	3.0～3.4	1.8～2.1	1.3～1.4
41°～42°	Ⅰ	7.5	3.6～3.9	2.3～2.6	1.5～1.6
	Ⅱ	7.0	3.4～3.7	2.1～2.4	1.4～1.5
	Ⅲ	6.5	3.2～3.5	2.0～2.3	1.3～1.4
	Ⅳ	6.0	3.0～3.3	2.0～2.3	1.2～1.3
38°～40°	Ⅰ	8.0	3.7～4.0	2.5～2.8	1.4～1.5
	Ⅱ	7.5	3.5～3.7	2.4～2.7	1.3～1.4
	Ⅲ	7.0	3.3～3.5	2.3～2.5	1.2～1.3
	Ⅳ	6.5	3.1～3.3	2.2～2.3	1.1～1.2
	Ⅴ	6.0	3.0～3.2	2.0～2.2	1.0～1.1

（6）长度 日光温室的长度没有统一标准。从温室的性能考虑，东西山墙内侧有 2 米左右的地段温光条件较差，所以温室越长温光效果越好；从造价考虑，每栋温室都要筑两个山墙，越长造价越低。现今，日光温室均在推广利用卷帘机卷放草苫，不论机械卷帘机或电动卷帘机，都以 50～60 米长的温室安装和操作较为方便，所以日光温室的长度以 50～60 米比较适宜。长度超过 100 米的温室，为便于管理，中间最好用山墙隔断。

提 示 板

太阳光是日光温室的唯一光源和热源，因此采光设计是否科学合理决定了温室内的光照条件和升温能力。高效节能日光温室必须采用合理采光时段屋面角，保证温室越冬生产时，在光照最弱、温度最低的季节，每天至少有 4 小时温室前屋面的透光率较高。

日光温室晴天白天时太阳光不断进入温室内，室内温度升高；到了夜间或遇到阴天，热能的来源断了，日光温室不进行加温，完全靠贮存的太阳辐射热能来维持作物正常生长发育所需的温度。怎样把热能保存住，对于日光温室冬季生产至关重要。进行保温设计，首先要了解温室内的热量怎样释放到室外，才能有针对性地减少和减缓放热速度。

（1）日光温室热量损失途径

① 贯流放热。日光温室内获取的太阳辐射能转化为热能以后，

以辐射、对流方式传送到山墙、后墙、后屋面、前屋面薄膜的内表面，再传导到外表面，通过对流散失到大气中去，叫做贯流放热，也叫透视放热或表面放热。

② 缝隙放热。是指温室的墙体有缝隙、后屋面与后墙交接处有缝隙，前屋面薄膜有孔洞，温室出入口不严，管理人员出入时开门，都会以对流方式把室内热量放出去。

③ 地中传热。白天透入室内的太阳辐射能，除一部分用于长波辐射和传导，使室内空气升温外，大部分热能传入地下，成为土壤蓄热。土壤中的热量除垂直传导外，也进行横向传导，温室外的土壤温度很低，所以冬季横向传导较快。山墙和后墙由于墙体较厚，所以横向传导热较慢。前屋面只有0.1～0.12毫米的薄膜，传导最快。所以遇寒流有时造成前底脚的作物容易遭受冻害。

(2) 日光温室的保温设计

① 减少贯流放热。减少贯流放热的主要途径是增加墙体和前后屋面的厚度。如土筑墙的厚度要超过当地冻土层的厚度再增加30%以上，后屋面材料采用保温效果好的秸箔抹草泥，上面铺乱草，使其平均厚度达到墙体厚度的40%以上。前屋面薄膜导热系数最大，可通过夜间覆盖5厘米厚的草苫或加盖纸被来减少和减缓贯流放热。钢管骨架无柱日光温室，墙体采用异质复合结构，用红砖砌成夹心墙，中间空隙填充珍珠岩或炉渣，如能在墙外粘一层苯板进行外保温，效果更好。后屋面则采用木板、苯板、炉渣、水泥等多种保温隔热材料组成的异质复合结构。

② 减少缝隙放热。筑墙时防止出现缝隙，后屋面与后墙交接处要严密，前屋面发现孔洞及时堵严。温室进出口内外均设缓冲间，门内挂棉门帘，尽量避免空气对流。

③ 减少地中传热。在前底脚外挖50厘米深、30厘米宽的防寒沟，衬上旧薄膜，装入双层苯板或马粪、碎草等隔热材料，培土踩实，用以阻止地中横向传热。

提　示　板

日光温室保温设计的前提是温室内有“温”可保，也就是在采光设计科学的前提下，室内充分接受太阳光照，并将光能转化为热能贮存，保温设计的核心就是阻止和减少热能通过各种途径向室外散失。

建造日光温室之前必须要先调整土地，合理规划布局，才能长期发展。

（1）场地选择　建造日光温室的场地必须阳光充足，温室南面没有山峰、树木、高大建筑物等遮光物体，避开山口、河谷等风口及尘土、烟尘污染严重的地带。为了利于作物生长发育，应选择地下水位低、土质疏松、富含有机质的地块。最好靠近村庄，距交通要道近，充分利用已有的水源和电源，以减少投资。

（2）温室前后间距的确定　温室前后间距是指前栋温室的后墙到后一栋温室前底脚的距离。两栋温室距离过近，由于前栋温室的遮阳而影响后栋温室的光照，间距过大又浪费土地。确定温室前后间距应保证后排温室在冬至前后日照最短的季节里，每天也能接受 6 小时的光照时间。即在上午 9 时至下午 15 时，前排温室不对后排温室构成遮光。温室前后间距的精确计算公式比较复杂，生产中多按以下经验公式计算：

$S=$（前栋温室的矢高＋卷起的草苫高度）$\times 2+1$

例如北纬40°地区建造跨度为7米，3.3米高的日光温室，草苫高度为0.5米，则温室前后间距应为：

$$S=(3.3+0.5)\times 2+1=8.6\text{ 米}$$

(3) 田间道路规划 依据地块大小，确定温室群内温室的长度和排列方式，根据温室群内温室的长度和排列方式确定田间道路布置。一般在温室群内东西两列温室间应留3～4米的通道并附设排灌沟渠。如果需要在温室一侧修建工作间，再根据作业间宽度适当加大东西两列温室的间距。东西向每隔3～4列温室设一条南北向的交通干道；南北每隔10排温室设一条东西向的交通干道，宽5～8米。

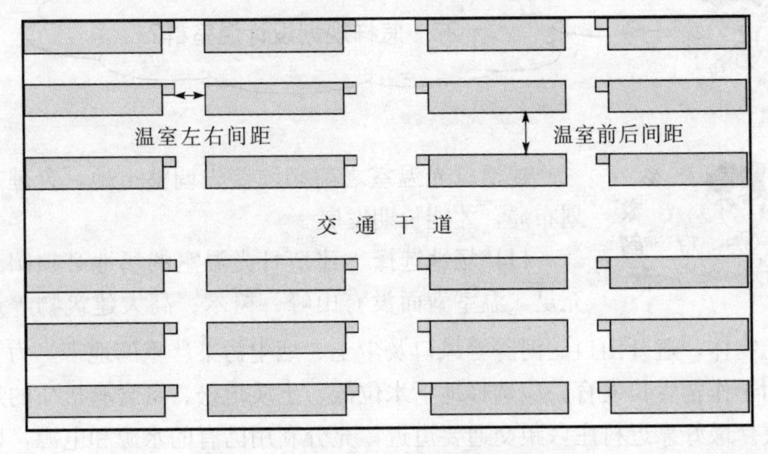

图4 日光温室群田间规划示意图

提 示 板

温室前后间距以冬至日前后保证每天6小时不遮光，而不仅仅是正午前后不遮光。因此，必须保证足够的距离，切不可在有限的土地面积上为多建几栋温室而随意缩小温室前后间距。为提高土地利用率，可利用温室的风障效应，在前后两排温室间建中小拱棚进行提前或延后生产。

（1）筑墙　根据各地土质不同，有的地区夯土墙，有的地区用草泥垛墙。墙的厚度多为 50 厘米，然后根据当地冻土层厚度在后墙外培防寒土。一般北纬 35°地区墙体总厚度要达到 80 厘米以上，北纬 38°地区要达到 100 厘米，北纬 40°以北地区要达到 120～150 厘米。

（2）建后屋面骨架

①柁檩结构。由中柱、柁、檩组成，3 米开间，每间由一根中柱、一架柁、3～4 道檩组成。中柱埋入土中 50 厘米深，向北倾斜呈 85°角，基部垫柱脚石，埋紧捣实。中柱上端支撑柁头，柁尾担在后墙上，柁头超出中柱 40 厘米左右。在柁头上平放一道脊，脊檩上对接成一直线，以便安装拱杆。腰檩和后檩可错落摆放，如图 5 所示。

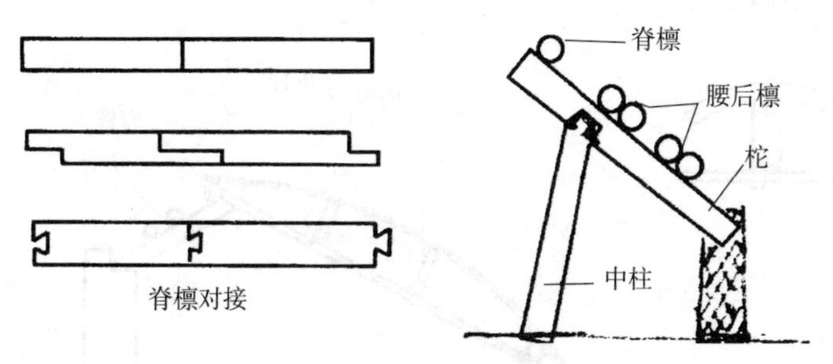

图 5　柁檩结构示意图

②檩椽结构。由中柱支撑脊檩，在脊檩和后墙之间摆放椽子，椽头超出脊檩 40 厘米左右，椽尾担在后墙上。椽子间距 30 厘米左右，椽头上用木杆做檩檐，拱杆上端固定在檩檐上，如图 6。

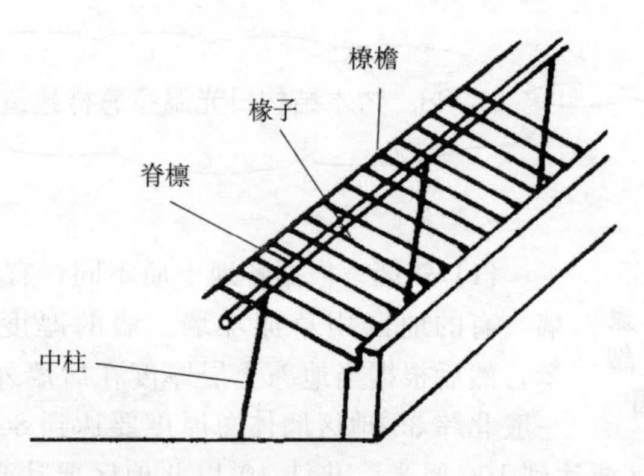

图 6　檩椽结构后屋面骨架示意图

(3) 建造前屋面骨架　半拱形日光温室前屋面骨架用竹片作拱杆，弯成弧形，拱杆间距 60 厘米。拱杆也设腰梁和前梁，由立柱支撑。拱杆上端固定在脊檩或檐上，下端插入土中。温室前屋面的立柱不但增加遮阴面积，而且给管理带来不便，因此目前半拱形日光温室的前屋面已经向无立柱方向发展，即取消腰柱，用木杆作桁架，建成悬梁吊柱温室。每 3 米设一加强桁架，上端固定在柁头上，下端固定在前底脚木桩上，桁架上设 3 道横梁，横梁上每个拱杆处用小吊柱支撑，如图 7。

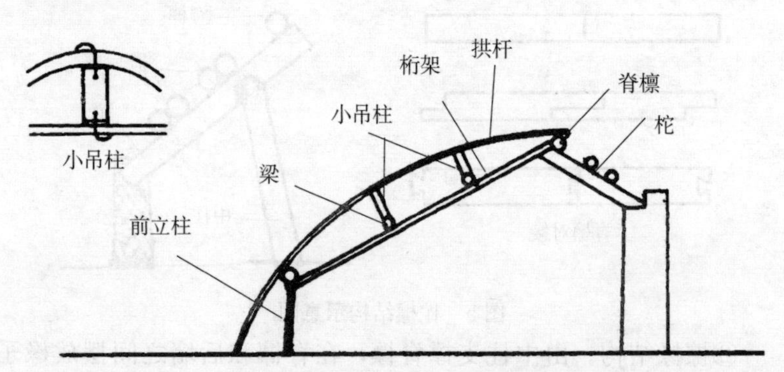

图 7　半拱形悬梁吊柱温室前屋面骨架示意图

建造 667 米^2 的竹木结构悬梁吊柱温室所需建造材料详见表 8。

表8　竹木结构悬梁吊柱温室建造材料表（667米^2）

材料名称	规格（厘米）（长×直径）	单位	数量	用途	备注
木　杆	200×12	根	31	柁	
木　杆	330×8	根	31	中　柱	
木杆	300×10	根	30	脊　檩	
木　杆	600×8	根	31	桁　架	
木　杆	400×10	根	60	腰、后檩	
木　杆	400×8	根	60	腰、后梁	
木　杆	400×5	根	23	前　梁	
木　杆	150×8	根	31	前　柱	
木　杆	30×4	根	224	小吊柱	
竹　片	600×5	根	112	拱　杆	截断用
竹　片	400×4	根	56	底脚拱杆	
木　杆	400×4	根	25	固定底脚拱杆	
巴　锔	20×ϕ8	个	100	固定檩、梁	
钉　子	7.5厘米（3吋）	千克	2	钉木杆	
塑料绳		千克	3	绑拱杆	
薄　膜	0.1毫米	千克	70	覆盖前屋面	
高粱秸		捆	1 200	箔	
压膜线		千克	15	压薄膜	
草　苫	800×150×5	块	110	夜间保温	
稻　草		千克		垛　墙	
竹　竿	600×6	根	16	后屋面上拴绳	
细铁丝	16#	千克	2	固定小吊柱	

提　示　板

竹木结构的日光温室取材方便，农户可自行设计建造。缺点是用木杆作立柱，柱脚易腐烂，竹片拱架也需年年维修。近年来，用水泥预制柱取代木杆作立柱的混合结构温室面积逐渐扩大。

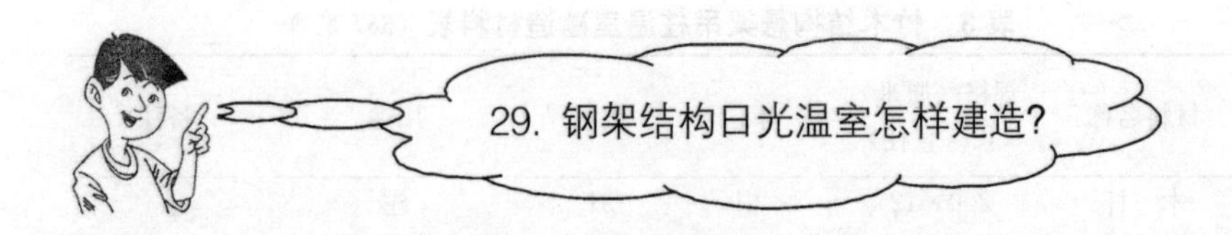

(1) 墙体建造 钢架无柱温室的山墙和后墙可以是土墙，也可以是黏土砖夹心墙。为提高墙体的保温性能，最好采用异质复合结构墙体。筑墙前先打地基，地基的深度，取决于各地区冬季土地冻层和温室凹入地下的深度。如当地冻土层深度为70厘米，温室室内凹入地下50厘米，温室的基础深度应为1.1～1.2米。宽度应为墙壁厚度的一倍。复合墙体内外墙均砌二四墙，或外墙砌11.5厘米墙，中间留出11.5厘米空隙，填入炉渣、珍珠岩或装入5厘米厚的聚苯板两层。后墙顶部浇筑钢筋混凝土梁。先砌内墙，清扫地面后放上聚苯板，双层错口安放，接口处用胶纸粘合，再砌外墙，外墙表面抹水泥砂浆，内墙表面抹白灰。

(2) 拱架制作 用6分镀锌管作上弦，ϕ12钢筋作下弦，ϕ10钢筋作拉花，焊成骨架，骨架上下弦的间距20厘米。为了解决后屋面靠屋脊太薄，不利于保温，在拱架制作时，把拱架最高点向前移10厘米，用ϕ12钢筋弯成“Γ”形焊接在拱架上，使靠顶部的厚度增加10厘米。

(3) 拱架安装 在温室前底脚处浇筑混凝土地梁，预埋角钢，后墙顶部浇6～8厘米厚混凝土顶梁预埋角钢。安装骨架：先在靠东西山墙立两片骨架，温室中部也立1片骨架，在骨架最高处用1根5厘米×5厘米的槽钢，把3片骨架连成整体。然后按85厘米间距，把骨架全部立起来，上端焊在后墙顶端角钢上，下端焊在地梁角钢上。中部再用2根4分镀锌管作拉筋，焊在下弦上，见图8。

(4) 建造后屋面 在后墙混凝土梁外侧用红砖砌筑50厘米高女

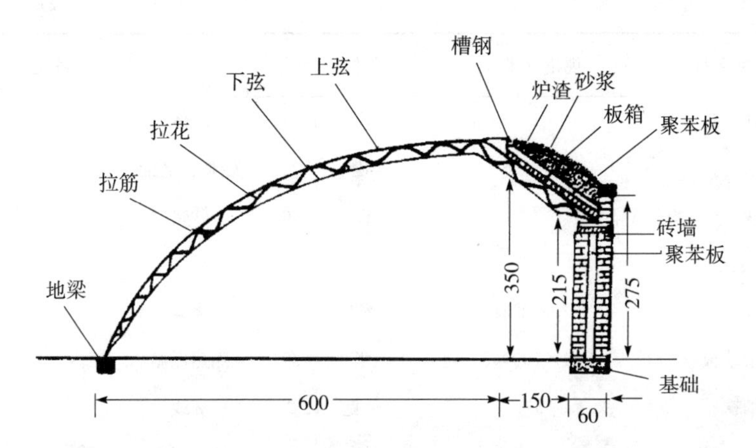

图 8　钢管骨架无柱日光温室示意图（单位：厘米）

儿墙。后屋面骨架上铺 2 厘米木板箔，木板箔上铺 5 厘米厚的聚苯板，上面再铺 1 层 5 厘米厚稻草苫，草苫上铺炉渣，把女儿墙顶部和骨架顶部的三角区铺平，抹水泥沙浆后，再用两毡加三油进行防水处理。

建造 667 米^2 钢架无柱日光温室的材料准备可参照表 9。

表 9　钢架无柱日光温室用料表（667 米^2）

材料名称	规格（米）	单位	数量	用途	备注
镀锌管	6 分（G3/4）×9.6	根	106	骨架上弦	
钢　筋	ϕ12×9.0	根	106	骨架下弦	
钢　筋	ϕ10×9.6	根	106	拉花	
钢　筋	ϕ10×90	根	4	顶梁筋	
镀锌管	ϕ14×90	根	2	拉筋	
槽　钢	（5 厘米×5 厘米×5 厘米）×90	根	1	屋脊拉筋	固定薄膜顶部
角　钢	（5 厘米×5 厘米×4 毫米）×90	根	2	焊接骨架	预埋顶梁、地梁
钢　筋	ϕ5.5×0.35	根	210	顶梁箍筋	

（续）

材料名称	规格（米）	单位	数量	用途	备注
红　砖		块	70 000	墙体	
水　泥	325#	吨	20	砂浆、浇梁	
沙　子		米³	40	砂浆	
毛石		米³	35	基础	
碎　石	2～3 厘米	米³	3	浇梁	
聚苯板	200×100×5	张	30	隔热保温	
细铁丝	16#	千克	2	绑线	
木　材		米³	4	箔、门窗	
白　灰	袋装	吨	0.5	抹墙面	
沥　青		吨	1.5	防水	
油毡纸		捆	20	防水	
薄　膜	0.1	千克	75	覆盖前屋面	
压膜线		千克	15	压膜	
草　苫	800×150×5	块	110	夜间保温	

提　示　板

钢架结构的日光温室建材强度高，遮光面积小，室内无立柱，操作方便，一次投资多年使用，是日光温室的发展方向。缺点是高温高湿条件下拱架易生锈。因此，拱架焊好后，要先刷防锈底漆，干燥后再用其他调和漆罩面。如有条件，最好采用热镀锌处理。

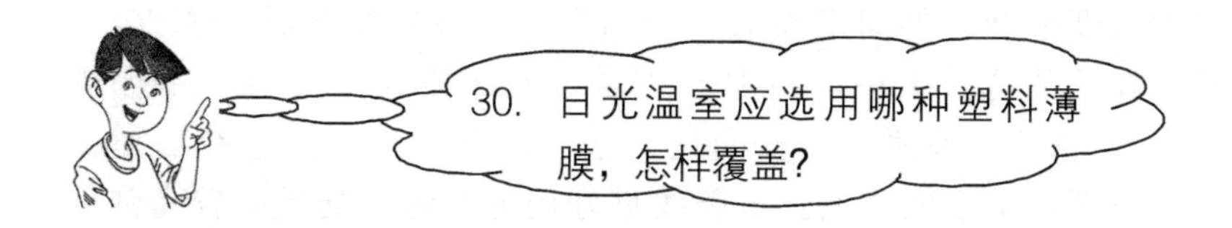

目前我国生产的棚膜类型较多，按生产薄膜树脂原料分为聚乙烯（PE）薄膜，聚氯乙烯（PVC）薄膜和乙烯-醋酸乙烯（EVA）薄膜。高效节能日光温室甜瓜生产，应选用透光率好、保温性能强、无滴效果好的聚氯乙烯无滴膜、聚氯乙烯防尘无滴膜或 EVA 膜。

日光温室前屋面长短有差异，各种薄膜的规格也不一致，在覆盖前要按所需宽度剪裁，再用高温热合法或专用胶水连接。聚氯乙烯膜延展性强，剪裁时棚膜的长度可小于温室长度 1 米左右，PE 或 EVA 棚膜根据需要应与温室等长或略长于温室。温室的通风口可设在前屋面中下部或顶部。设于中下部的风口开闭方便，但降温和排湿效果不如放顶风。顶部风口在低温季节降温、排湿效果好，能防止冷风直接扫苗，风口的开闭可通过卷膜器或滑轮控制。

覆盖时如果将风口设置在温室下方，先用 1.2 米宽幅的薄膜，一边烙合成筒，装入麻绳或撕裂膜，固定在前屋面 1 米左右高度的拱架上，作为底脚围裙，底边埋入土中，上部覆盖一整块薄膜。如果将风口留在温室上方，则先在温室上方覆盖 2.5～3 米宽的棚膜，下部覆盖一整幅棚膜。

无论风口设置在何处，扣顶部薄膜时，都应先在一侧山墙固定，然后逐渐向另一侧展开薄膜，边展开边抻平，并将薄膜的上边固定在后屋面上，整个温室盖好后，将薄膜的另一端固定在另一侧山墙上。扣底裙或下部大块棚膜时，同样先在一侧山墙上固定，然后将薄膜展开拉向另一侧山墙，上下、左右拉紧，使薄膜最大限度平展，再固定在另一侧山墙上。最后要在温室前挖沟，将棚膜下部埋入土中，用泥土压紧。上部棚膜要延过下部棚膜30～50厘米。每两个拱杆间设一条压膜线，上端固定在后屋面上，下部固定在地锚上。压膜线最好用尼龙绳，既具有较高强度又容易压紧。

提　示　板

日光温室覆盖棚膜前，要事先对骨架进行检修，竹木结构骨架要确保所有连接骨架的铁丝尖端朝下，钢架结构要保证骨架上方无突起物，以防扣棚时划破薄膜。扣膜时一定要选择晴朗无风的中午，否则易被风吹起，很难抻平。特别需要注意是，PE膜和EVA膜有正反面，应根据薄膜上的文字提示正确覆盖，否则将失去无滴效果。

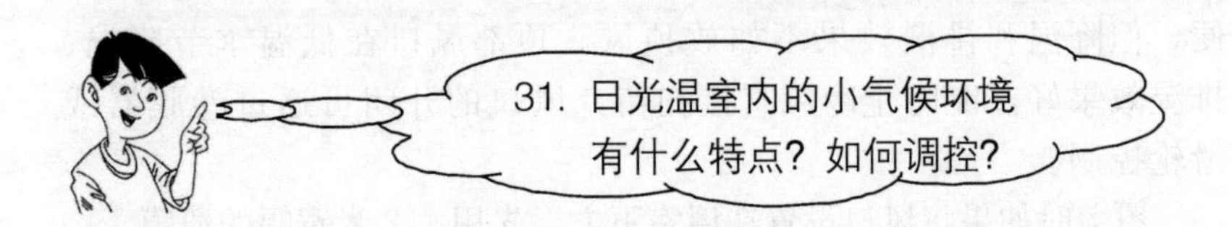

（1）光照环境特点及其调控　与外界相比，日光温室内光照较弱，即使覆盖新无滴薄膜，采光设计科学，室内的光照也只有外界自然光的70%～80%。而且不同区域光照分布不均匀，通常后屋水平投影以南是光照度最高部位，同时，由于山墙的遮阴作用，靠近山墙两侧光照较弱。

甜瓜为喜光作物，日光温室冬季光照较弱对甜瓜的生长发育不利。光照调节的核心是尽量增光补光。首先要进行科学的采光设

计，覆盖无滴膜。管理上在保证室内温度要求的前提下，每天早揭晚盖草苫，并经常擦拭棚膜表面，防止有草屑、灰尘影响透光。此外，在后墙处或栽培畦后侧张挂反光幕，可提高后部光照度，增产效果明显。

(2) 温度特点及其调控 越冬生产时，温室内最低气温出现在揭开草苫前的短时间内，见光后气温很快上升，13 时气温达到最高。以后开始下降，直到覆盖草苫时为止。盖草苫后气温回升 1～3℃，以后气温平缓下降，直到第二天早晨。通常温室中柱前 1～2 米处气温最高，向北、向南递减。晴天的白天南部高于北部，夜间北部高于南部。东西方向上气温差异较小，只是靠东西山墙 2 米左右温度较低，靠进出口一侧最低。

温室内的地温，晴天白天地表温度最高，随深度的增加而递减；夜间以 10 厘米深处最高，向上向下均低；20 厘米深处的地温白天与黑天相差不大。阴天时，越是靠地表温度越低，20 厘米深处地温最高。连续 7～10 天阴天，地温只能比气温高 1～2℃，对某些作物就要造成危害。

温度调控的方法是白天放风，夜间保温。根据甜瓜不同生育期对温度的要求，决定放风时间、放风部位和放风口的大小。保温措施是覆盖草苫或保温被，遇到灾害性天气还可扣小拱棚、二层幕等多层覆盖保温，并在夜间盖底脚草苫。目前，蔬菜生产上应用秸秆生物反应堆技术可有效提高温室内的地温。

(3) 湿度环境及调控 日光温室空间小，密闭性好，因此空气相对湿度较高。即使在晴天，夜间和早晨空气相对湿度也经常在 90%以上，有时甚至达到饱和或接近饱和状态。冬季日光温室浇水量少，但是表土常表现湿润，原因是温室封闭较严，很少放风，水分散失少，土壤深层水分不断通过毛细管上升，即使土壤水分已经不足，地表仍呈现不缺水的假象。如果被这种假象蒙蔽，会出现土壤水分不足时得不到及时补充，使作物的正常生育受到不良影响。

日光温室甜瓜生产，高温高湿或低温低湿都容易引起病害的发生和蔓延，必须加以调控。调节空气湿度需考虑甜瓜的生育阶段和栽培季节。冬季日光温室控制空气湿度最有效的措施是覆盖地膜，进行膜下暗灌，有条件的最好采用软管滴灌，这样可有效地减少地面蒸发，降低空气湿度。同时也能保持土壤水分，减少灌水次数。灌水要选择冷尾暖头的天气，一次灌水量不宜过多。灌完水后应立即闭棚升温，防止温度降低过多。温度升上来后，再放风排湿。

(4) 土壤环境特点及其调控 由于温室内的环境比较温暖湿润，为一些土壤中的病虫害提供了越冬场所，使得一些在露地栽培可以消灭的病虫害，在温室内难以绝迹，导致土传病害严重。此外，由于超量施肥和得不到雨水淋洗，使表层土逐年积累大量盐分，极易发生土壤次生盐渍化。虽然甜瓜是耐盐碱性较强的作物之一，但如果温室土壤积盐较重，土壤溶液浓度超过0.8%，则出现甜瓜根系吸水困难，造成生理干旱，严重时导致植株死亡。

温室土壤每年深耕两次，并增施充分腐熟的有机肥，可改善土壤结构，增加透气性，同时也能增加土壤对盐分的缓冲能力，减少次生盐渍化危害；盛夏季节利用温室休闲期在土壤中施入碎稻草、玉米秸秆，并通过灌水和高温闷棚进行消毒，一方面可杀灭土壤中残存的病原菌和虫卵，还可通过微生物活动来消耗土壤中的可溶性氮，降低土壤溶液盐浓度和渗透压，缓解盐害；栽培管理上应防止过量施肥，同时采用地面覆盖的方式，减少土面蒸发，可防止表土积盐。

(5) 气体环境特点 日光温室是一个封闭或半封闭的环境系统，在冬季很少放风的情况下，极易发生二氧化碳气体亏缺，难以满足光合作用需要。此外，由于施肥不当还容易发生氨气和二氧化氮气体中毒。

日光温室冬季甜瓜生产，可通过施用二氧化碳气肥和秸秆生物

反应堆技术来补充室内二氧化碳的不足，达到增加产量和改善品质的作用。温室生产中可通过合理施肥、地膜覆盖等措施来预防有害气体的发生。生产中一旦发生气害，注意加大通风，不要滥施农药化肥。

提　示　板

日光温室内小气候环境因素是相互关联、相互制约的，管理时需统筹兼顾，且不可顾此失彼。温室越冬生产，环境调控的主要目标就是增加光照度，延长光照时间，尽量提高地温和气温，同时降低空气湿度，提高二氧化碳浓度，并通过合理施肥和土壤消毒来减轻土壤次生盐渍化和土传病害的发生。

32. 塑料大棚有哪些类型?

塑料大棚按结构可分为竹木结构多柱大棚、竹木结构悬梁吊柱大棚和钢架无柱大棚。

(1) 竹木结构大棚　一般跨度 12～14 米，高 2.2～2.4 米，长 50～60 米。通常以直径 3～6 厘米的竹竿作拱杆，拱杆间距 1 米，6 排立柱支撑，柱间距 2～3 米，棚面呈拱圆形，两边立柱向外倾斜呈 60°～70°，以增加支撑力。立柱顶部 20 厘米处用拉杆纵向连接。扣膜后两个拱架之间扣压膜线。这种大棚的优点是取材方便，造价低，易建造。缺点是立柱太多，遮光严重，作业不便。为减少立柱，可改每排拱架设 6 根立柱为每 3～5 排拱杆设 6 根立柱，不设立柱的拱杆在拱杆与拉杆之间设小吊柱支撑。

为防止立柱腐烂，现多用水泥预制柱代替木杆作立柱，用钢丝绳作拉筋。悬梁吊柱大棚与多柱大棚的棚面形状、结构基本相同，不同处是减少了2/3～4/5立柱，减少了遮光部分，又便于作业。这种类型的大棚应用较为普遍。

（2）钢架无柱大棚 钢架无柱大棚一般跨度8～12米，高度2.5～3.0米，拱架间距1米。用6分镀锌管为拱架上弦，ϕ12钢筋为下弦，ϕ10钢筋作拉花焊接成拱架，骨架底脚焊接在地锚上，在下弦处，均匀用ϕ14钢筋作横向拉筋将拱架焊接成一个整体。为了节省钢材，每隔3米设一带下弦的拱架，中间用6分锌钢管作拱杆，用两根ϕ10钢筋作斜撑，钢筋上端焊接在6分镀锌管上，下端焊接在横向拉筋上。这种大棚骨架坚固耐用，遮光部分少，作业方便，可增设天幕，扣中棚保温防寒，与竹木结构相比有很多优越条件，缺点是造价较高，一次性投资大。

（3）钢竹混合结构大棚 每隔3米左右设一平面钢筋拱架，用钢筋或钢管作为纵向拉杆，将拱架连成一体。在拉杆上每隔1米焊一短的立柱，采取悬梁吊柱结构形式，安放1～2根粗竹竿作拱架，建成无立柱或少立柱结构大棚。此类大棚为竹木结构大棚和钢架结构大棚的中间类型，用钢量少，棚内无柱，既可降低建造成本，又可改善作业条件，避免立柱遮光，是一种较为实用的结构。

（4）装配式镀锌钢管大棚 钢管装配式大棚具有一定的规格标准，一般跨度6～8米，高度2.5～3.0米，长20～60米，拱架是用两根薄壁镀锌钢管对接弯曲而成，拱架间距50～60厘米，纵向用薄壁镀锌钢管连接。骨架所有连接处都是用特制卡具固定连接。这种大棚除具有重量轻、强度好、耐锈蚀、中间无柱、采光好、作业方便等优点外，还可根据需要自由拆装，移动位置，改善土壤环境，同时其结构规范标准，可大批量工厂化生产。缺点是造价高。此类大棚在我国南方应用较多。

提 示 板

塑料大棚与日光温室相比，具有结构简单、造价低、有效栽培面积大、土地利用率高、作业方便等优点；与露地和小拱棚相比，具有可提早、延晚进行甜瓜栽培，容易获得高产等优点。但是，大棚没有外保温设备，受外部环境影响较大，提早、延晚受当地气候条件限制，与日光温室和露地生产配套，才能实现周年供应。

（1）塑料大棚的设计

①确定方位和面积。大棚多为南北延长，也有东西延长的。东西延长大棚采光量大，增温快，并且保温性也比较好，春季提早栽培的温光条件优于南北延长的大棚，但容易遭受风害，大棚较宽时，南北两侧的光照差异也比较大。南北延长的大棚，早春升温稍慢，早熟性差一些，但大棚的防风性能好，棚内地面的光照分布也较为均匀，有利于保持整个大棚内的蔬菜整齐生长。大棚应尽量避免斜向建造，以便于运输和灌溉。单栋大棚的面积以 330～667 米^2 为宜，不超过1 000米^2 。

②确定跨度和长度。塑料大棚的跨度多为 8～15 米。跨度太大通风换气不良，并增加了设计和建棚的难度。大棚内两侧土壤与棚外只隔一层薄膜，由于热量的地中横向传导，使两侧各有 1 米宽左右的低温带。大棚跨度越小，低温面积比例越大，所以北方冻土层较厚的地

区，棚的边缘影响大，大棚跨度较大；南方因为温度不是很低，跨度较小，棚面弧度较大，有利于排水。一般黄淮地区多为6～8米，北京地区8～10米，东北地区10～12米。大棚长度以30～60米为宜，太长运输管理不便。大棚的长宽比与稳定性有密切关系。大棚的面积相同，周边越长（即薄膜埋入土中的长度越大），大棚的稳定性就越好。通常认为长宽比等于或大于5比较适宜。

③确定高度和高跨比。大棚高度以2.2～2.8米为宜，不超过3米。棚越高，承受的风荷载越大，越易损坏。

高跨比的大小影响拱架强度。大棚的高跨比以0.25～0.3为宜。低于0.25则棚面平坦，薄膜绷不紧，压不牢，易被风吹坏；同时，积雪也不能下滑，降雨易在棚顶形成“水兜”，造成超载塌棚，且易压坏薄膜。超过0.3，棚体高大，需建材较多，相对提高造价。

④确定拱架间距。两排拱架间距越小，棚膜越易压紧，抗风能力越强。但间距过小，会造成竹木大棚内立柱过多，增加了遮阴面积，不利于作业，钢架大棚浪费钢材；拱架间距过宽，会降低抗风雪能力。薄膜有一定的延展性，一般为10%左右，拉得过紧或过松，都会缩短棚膜的使用期，因此要有适当的间距。一般以1～1.2米为宜，竹木结构1米为宜，钢架结构1.2米。这样的间距不仅有利于保证拱架强度，还有利于在棚内相应做成1～1.2米宽的畦，充分利用土地。管架大棚由于没有下弦，强度小，所以拱架间距多在50～60厘米之间。

⑤设计棚型。大棚的棚型以流线型落地拱为好，压膜线容易压紧，抗风能力强。但是棚面不应呈半圆形，因为半圆形弧度过大，抗风能力反而下降，特别是钢拱架无柱大棚，其稳固性既取决于材质，也与棚面弧度有关。棚面构型愈接近合理轴线，抗压能力愈强（图9）。所以设计钢架无柱大棚时，可参照合理轴线公式进行：

$$Y=\frac{4fx}{L^2}(L-x)$$

式中：Y——弧线点高；f——矢高；L——跨度；x——水平距离。

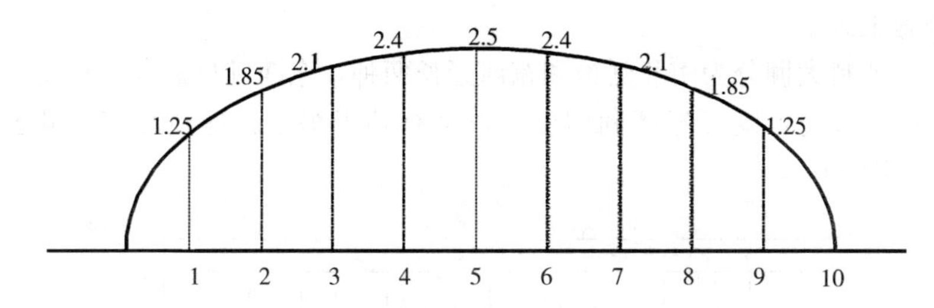

图 9　调整后的流线型大棚棚型示意图

例如，设计一栋跨度 10 米，矢高 2.5 米的钢架无柱大棚，首先划一条 10 米长的直线，从 0 米至 10 米，每米设一点，利用公式求出 0 米至 9 米各点的高度，把各点的高连接起来即为棚面弧度。代入公式：

$$Y_1 = \frac{4 \times 2.5 \times 1}{10^2} \times (10-1) = 0.9\text{ 米}$$

$$Y_2 = \frac{4 \times 2.5 \times 2}{10^2} \times (10-2) = 1.6\text{ 米}$$

$$Y_3 = \frac{4 \times 2.5 \times 3}{10^2} \times (10-3) = 2.1\text{ 米}$$

$$Y_4 = \frac{4 \times 2.5 \times 4}{10^2} \times (10-4) = 2.4\text{ 米}$$

$$Y_5 = \frac{4 \times 2.5 \times 5}{10^2} \times (10-5) = 2.5\text{ 米}$$

依据以上公式可依次求出 Y_6 为 2.4 米，Y_7 为 2.1 米，Y_8 为 1.6 米，Y_9 为 0.9 米。这样棚面弧度稳固性好，但是两侧比较低矮，不利于高棵作物的栽培和人工作业，因此需要在计算结果的基础上进行调整。调整的方法是对 1 米处和 9 米处的高度进行调整，取 Y_1 和 Y_2 的平均值 1.25 米，同样，取 Y_2 和 Y_3 的平均值，将 2 米和 8 米处提高到 1.85 米。其他各位点保持不变。

（2）大棚群的规划　建造集中连片的大棚群，首先确定每栋大棚的面积、跨度和长度，然后确定棚间距离和棚头间的距离。棚间距离应达到 2～2.5 米，以便通风；棚头间的距离需要 5～6 米，以便车辆通行。在选好场地，调整土地后，测量田间面积，绘制大棚群图，按图施工。

塑料大棚分为南北延长和东西延长两种，东西延长适合与日光温室配套设置，既可经济利用土地，又有利于提早、延晚栽培。见图10、图11。

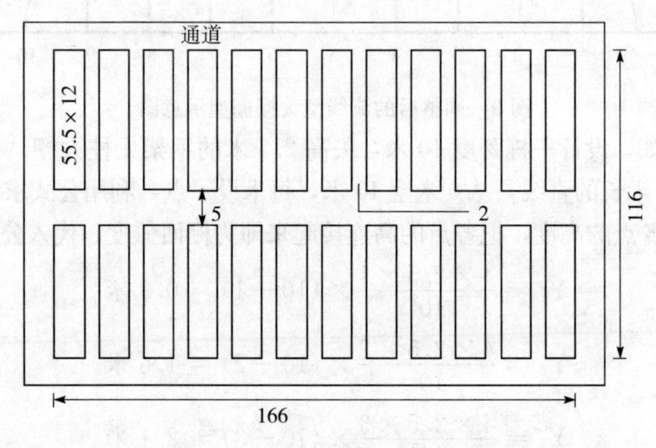

图10　大棚群示意图（单位：米）

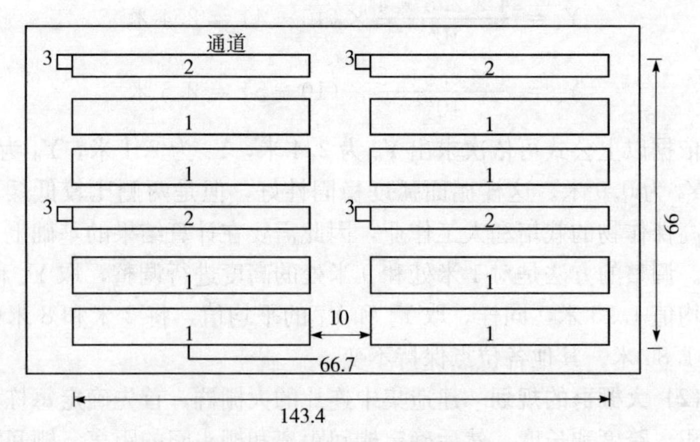

图11　温室大棚配套规划示意图（单位：米）

1. 大棚　2. 温室　3. 作业间

提 示 板

大棚的场地选择：建造塑料大棚需要地势平坦，土质疏松肥沃，光照充足，南、东、西三面没有遮光物体，避开风口，有灌溉条件，雨季能排水，靠近道路，交通方便，背面有天然屏障，树林或村庄更为理想。

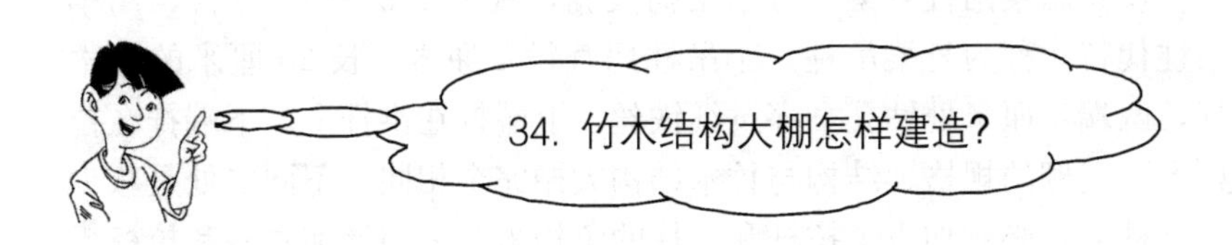

以北方普遍应用的竹木结构大棚，跨度 12 米，矢高 2.5 米，长度 55.5 米为例，介绍建造方法：

（1）埋立柱 在 12 米的跨度内均匀埋 6 排立柱，立柱间距为 1 米，各排间距离为 2 米，立柱用 5 厘米直径的杂木杆，长度按设计棚型各部位高度，外加埋入土中 30 厘米长。中柱和腰柱垂直，边柱顶端向外倾斜呈 80°。为防立柱下沉或上拔，在靠柱脚 5～6 厘米处，钉上 20 厘米长的小横木。埋立柱的位置、高度要准确，培土后捣实。

（2）安装骨架 用直径 4～5 厘米的竹竿作拱杆，每排立柱上用两根竹竿，粗的一端担在边柱上，由两侧向中间，通过中柱将两根竹竿连接绑紧。边柱上用 4 厘米竹片，上端担在竹竿粗的一端，绑紧，下端插入土中，为防下沉，在底脚处横放细木杆或竹竿绑在各竹片的基部。在各立柱距顶端 5 厘米处钻孔，用细铁丝把拱杆拧在立柱上，在立柱距顶端 25 厘米处，纵向用木杆或竹竿作拉杆，用细铁丝拧在立柱上，使整个大棚骨架连成一体。见图 12。

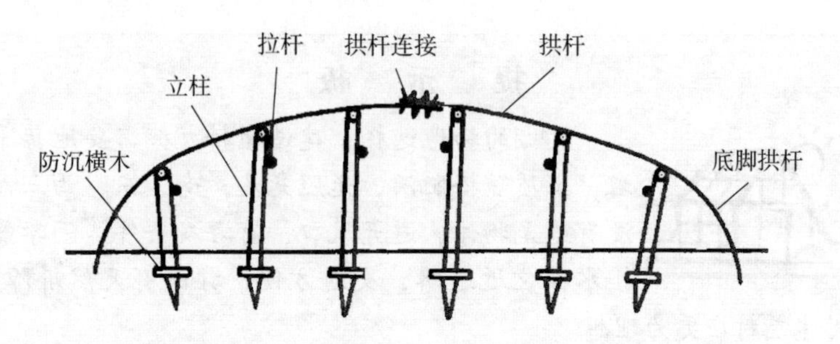

图 12　竹木大棚示意图

(3) 悬梁吊柱骨架　竹木结构大棚，减少 2/3～3/4 立柱，用小吊柱代替，称为悬梁吊柱。小吊柱用直径 4 厘米、长 25 厘米的细木杆，两端 4 厘米处钻孔，穿过细铁丝，上端拧在拱杆上，下端拧在拉杆上。大棚的规格、结构与竹木结构大棚完全相同，不同之处是减少了立柱后，必然加重了拉杆和立柱的负担需要适当增加立柱和拉杆粗度。见图 13。

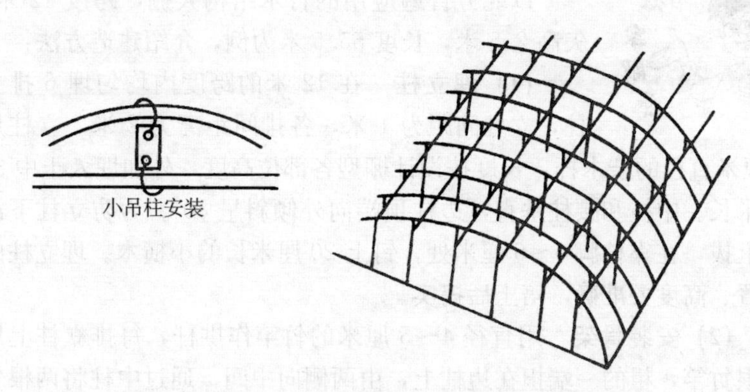

图 13　竹木结构悬梁吊柱大棚示意图

竹木结构塑料大棚建造容易，一次性投资少，但是每年需要维修，特别是立柱埋入土中部分容易腐烂，有条件的改用水泥预制柱，不再需要更换，但截面较大，遮光多。

竹木结构塑料大棚建造用料表可参照表 10。

表 10　竹木结构大棚用料表（667 米^2）

材料名称	规格（厘米）（长×直径）	单位	数量	用途	备注
木　杆	280×5	根	112	中　柱	
木　杆	250×5	根	112	腰　柱	
木　杆	190×5	根	112	边　柱	
木　杆	400×4	根	104	拉　杆	
木　杆	25×3	根	336	柱脚横木	
竹　竿	600×4	根	224	拱　杆	
竹　片	400×4	根	114	底脚横杆	截断用
门　框		副	2		
木板门		扇	2		
木　杆	400×4	根	30	固定底脚拱杆	防下沉
塑料绳		千克	4	绑拱杆	
细铁丝	16# （ϕ1.6 毫米）	千克	3	绑拱杆	
钉　子	7.5 厘米（3 吋）	千克	4	钉横木	
铁　线	8# （ϕ4 毫米）	千克	50	压膜线	
聚乙烯薄膜	普通聚乙烯膜	千克	110	覆盖棚面	
红　砖		块	110	拴地锚	

建造悬梁吊柱结构的竹木大棚，只需将上述材料中的中柱、腰柱和边柱的数量各减少 2/3，并增加相应数量的小吊柱即可。

提　示　板

为解决竹木结构大棚柱脚易腐烂的问题，近年多用水泥预制柱代替木杆作立柱，用钢筋代替木杆或竹竿作拉杆（称拉筋），可一次建成使用几年不需维修。这种类型的大棚称“拉筋吊柱大棚”。

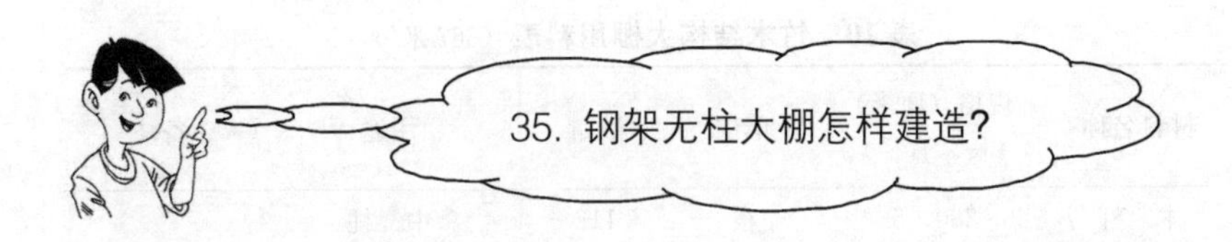

以跨度10米，矢高2.5米，长66.7米的钢管无柱大棚为例。

(1) 棚架焊制 用6分镀锌管作拱杆，按拱架间距离1米计算，需67根，其中有23根需要带下弦的加固桁架，下弦用ϕ12钢筋，拉花用ϕ10钢筋焊成。另外44根为单杆拱架，用ϕ10钢筋作斜撑。

(2) 浇地梁 在大棚两侧浇筑10厘米×10厘米混凝土地梁，在地梁上预埋角钢，以便于焊桁架和拱杆。焊完桁架和拱杆后，用4分镀锌管5道作拉筋，焊在桁架下弦上，均匀分布，并在单杆拱架下用ϕ10钢筋作斜撑焊在拉筋上，见图14、图15。在每两根拱杆中间的地梁角钢上，焊上ϕ5.5的钢筋圈，以便于栓压膜线。

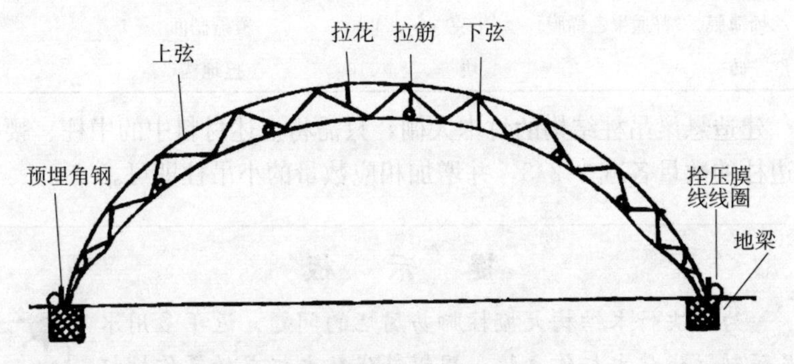

图14 钢管无柱大棚示意图

建立667米^{2}钢管结构的大棚所需材料详见表11。

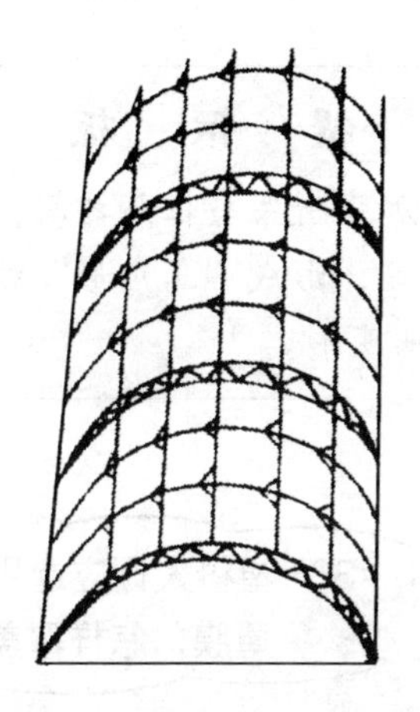

图 15　钢管无柱大棚透视图

表 11　钢管骨架无柱大棚用料表

材料名称	规　格	单　位	数　量	用　途
镀锌管	6 分（G3/4）×12 米	根	23	桁架上弦
锌锌管	6 分（G3/4）×12 米	根	44	拱　杆
钢　筋	ϕ12×11 米	根	23	桁架下弦
钢　筋	ϕ10×12 米	根	23	拉　花
钢　管	4 分（G1/2）×66 米	根	5	拉　筋
钢　筋	ϕ12×30 厘米	根	440	斜　撑
角　钢	66 米（5 厘米×5 厘米×4 毫米）	根	2	预埋地梁
水　泥	325#	吨	0.5	浇地梁
砂　子		米^3	1	浇地梁
碎　石	2～3 厘米	米^3	2	浇 地 梁
塑料薄膜	聚乙烯 0.01 毫米	千克	100	覆盖棚面
压 膜 线	8#铁丝（ϕ4 毫米）	千克	50	压 膜 线
门　框		副	2	
门		扇	2	

提　示　板

钢架结构大棚的加强桁架与拉筋之间，最好也用两个钢筋段作斜撑焊接固定，形成“三角形”稳定结构，防止桁架在使用过程中扭曲变形。

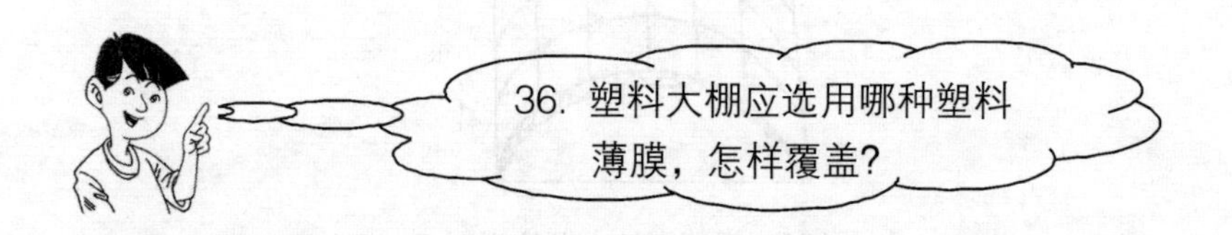

名家解答

塑料大棚春提早和秋延晚栽培，应选用聚乙烯无滴防老化膜、聚乙烯无滴膜、聚乙烯多功能膜等。

覆盖大棚薄膜，先盖底脚围裙，用1～1.1米宽的两幅薄膜，上边卷入尼龙绳烙合，绑在各拱杆上，下边埋入土中，在围裙上覆盖一整块薄膜，如选用聚乙烯薄膜不能黏合只能用电熨斗烙合。一整块薄膜的长度为大棚长加上高度的2倍，再加0.5米。以55米长，2.5米高的大棚为例：薄膜的长度应为60.5米，宽为大棚拱杆（地上部）的长度减围裙高的2倍，再加0.6米。这样的宽度，覆盖后两侧延过底脚围裙30厘米。

薄膜烙合后，由两边向中间卷起，选无风的晴天，把卷起的薄膜放在大棚骨架的最高处，向两侧放下，两端拉紧埋入棚外两端土中踩实，两侧拉紧，延过围裙，用压膜线压紧。在覆盖薄膜前，每两根拱杆中间在底脚外侧用1块红砖拴8#铁丝作地锚，埋入地下30厘米处，地面露出8#铁丝圈，以便于拴压膜线。

提　示　板

大棚覆盖薄膜后，先不安装大棚门，待土壤化冻后，开始耕种时再安门。在设置骨架时，棚两端已经设立了门框，安门时由门框中间把薄膜切开丁字形口，把薄膜两边卷在门框上，上边卷在门上框上，用木条钉住，再把门安装上。

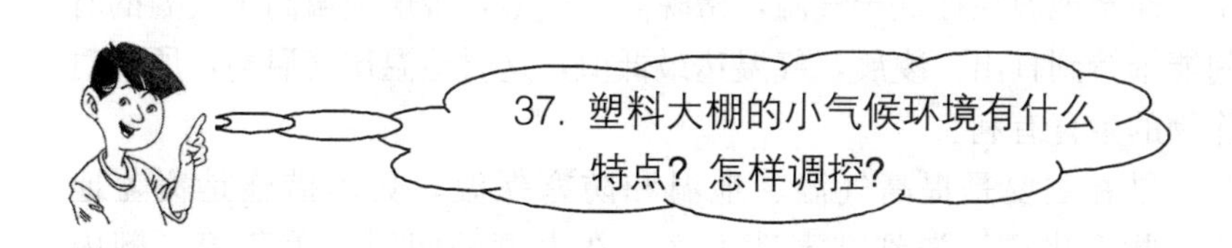

37. 塑料大棚的小气候环境有什么特点？怎样调控？

（1）光照及调控　塑料大棚是全透明设施，其见光时间完全与露地相同，但由于骨架和棚膜遮光，棚内的光照度始终低于露地。竹木结构大棚，建材截面大、立柱多，遮阴面积大，所以棚内光照度较低。此外，大棚内光照度随季节和天气的变化而变化，外界光照强的季节棚内光照也强；晴天光照强，而阴天棚内光照弱。

低温弱光季节，以提高透光率、增加光照度为主，最根本的措施是设计合理的棚型，选用刚性强的材料，在保证大棚骨架稳定的前提下，尽量减少立柱。其次，选用无滴膜可改善透光条件。进入夏季高温强光期，最好在棚面上覆盖遮阳网，减少透光率，防止高温、强光的危害。

（2）温度及调控　棚内气温日变化规律与露地基本相似，日出后随太阳升高温度随之上升，棚内最高气温出现在13时，比露地稍早，14时以后气温下降，最低气温出现在凌晨。大棚气温的日变化比露地强烈，日较差比露地大，特别是3～9月份日较差超过20℃。夜间，大棚内气流活动减弱，棚四周处的气温比中部低，一旦出现冻害，边沿一带最先受害。

大棚内的地温随季节变化而变化，早春10厘米土温比露地高5～10℃；4～5月份大棚内外地温差异不大；6～9月份，由于棚内光照度低于露地，再加上作物的遮阴，使棚内地温甚至低于外界地温，对作物生长有利；进入10月份以后，棚内地温明显高于外界地温，有利于蔬菜作物的秋延后生产。棚内地温的日变化与气温基本一致，上午5厘米地温往往低于气温，傍晚高于气温，浅层地温高于气温的时间能维持到日出。凌晨，气温达最低值，这时地温比气温高，所以对作物的生育有利。

早春主要是提高气温、地温和防寒保温，具体措施是覆盖地膜、扣小拱棚，遇到灾害性天气，在大棚外四周覆盖草苫。棚内温度高时可通风降温，炎热夏季覆盖遮阳网，通过遮阴降低温度。

(3) 湿度及调控 大棚内空气湿度高于露地。早春甜瓜生产，为了提高温度，放风量很小，水汽在棚内积累，形成了高湿环境。大棚内空气湿度夜间一般可达90%以上，白天多在60%～80%。棚内相对湿度的变化与温度相反，随着温度的升高，相对湿度下降，最低值一般出现在13～14时；夜间随着温度的下降湿度升高，最高值出现在凌晨。大棚内土壤湿度主要取决于灌水量、灌水次数以及作物的耗水量。大棚内灌水量较大，土壤湿度高于露地，棚膜内表面凝结的水滴不断向地面滴落，浅土层湿度偏高，而且滴水位置固定，所以局部特别潮湿泥泞，但下层土壤水分不一定充足。

调节空气湿度主要是覆盖地膜，减少土壤水分蒸发；浇水后进行通风换气；早春外界温度低、通风量很小时，应尽量减少灌水量；进入夏季放风量大，主要靠浇水调节土壤湿度。

提　示　板

初冬和早春，大棚内有时会短时间出现“逆温”现象，即棚内最低气温低于外界最低气温，多出现在连阴天后突然放晴的夜晚，一般春大棚甜瓜遭受冻害，多是由此引起的。遇到这种情况，可通过增设二层幕或扣小拱棚来预防。

38. 怎样建造和应用塑料小拱棚?

小拱棚是全国各地应用最普遍、面积最大的保护地设施，特别是在甜瓜的匍匐栽培中，小拱棚发挥了巨大的优势。小拱棚宽度 1～2 米，高 0.6～0.8 米，长 6～8 米。

小拱棚的拱架可就地取材，用细竹竿、竹片等做拱杆，弯成弓形，两端插入土中。两拱间距为 0.6～0.8 米，上面覆盖一整块薄膜，四周卷起埋入土中。1 米宽的小拱棚不设立柱。2 米宽的小拱棚用细竹竿作拱杆，由于强度低，顶部用一道细木杆作横梁由立柱支撑。小拱棚骨架也可以利用钢筋弯成拱形，两端插入土中，钢筋间距 1 米。1 米宽的小拱棚用 $\phi12$ 钢筋，2 米宽小拱棚用 $\phi14$ 钢筋。

小拱棚低矮，空间小，晴天中午温度很高，若放风不及时容易烤伤作物。由于棚内面积小，两侧温度低，中间温度高，往往造成靠两侧作物矮小、中间又容易徒长的现象。小拱棚调节温度靠揭棚膜放风，由两侧揭棚膜更容易使边行温度下降，所以必须采取放顶风的方法，才能使棚内温度分布均匀，作物生长整齐。小棚放顶风，首先要改进覆盖薄膜方法，用两幅薄膜烙合，每米留出 30 厘米不烙合，覆盖时烙合缝放在中部。放顶风时，用一根高粱秸把未烙合处支成一个菱形口（如图16），闭风时撤掉高粱秸。当外界温度升高后再放底风。放底风先由背风一侧开放风口，经过几天放风后再从迎风一侧开放风口，放几次对流风以后，选好天气大放风。撤膜前先进行几次大放风，使小棚内甜瓜逐渐适应外界环境。

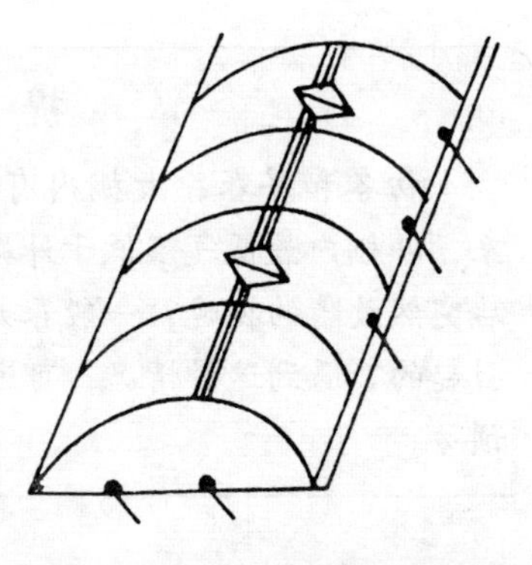
图 16　小拱棚放顶风示意图

提　示　板

小拱棚内作业不方便，管理需揭开薄膜进行，可用于甜瓜春季短期覆盖栽培。此外，小拱棚夜间覆盖草苫、纸被等保温材料，可用于早春甜瓜等果菜类育苗，尤其是地膜覆盖和小拱棚双膜覆盖栽培的甜瓜，可在温室中播种，移植到小拱棚培育成苗。

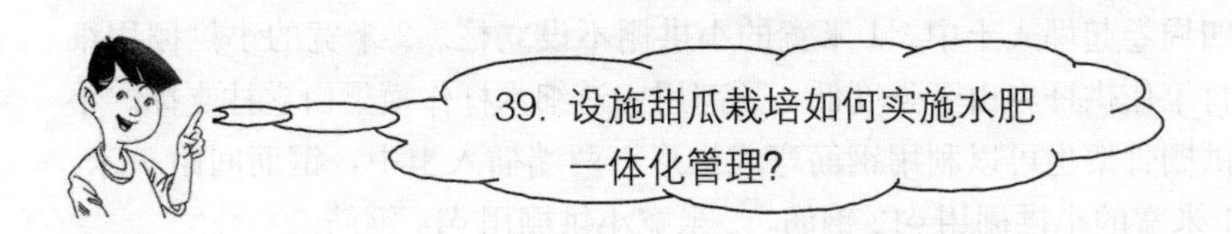

39. 设施甜瓜栽培如何实施水肥一体化管理?

水肥一体化技术是将灌溉与施肥融为一体的农业新技术。其作用原理是借助压力灌溉系统，将可溶性固体肥料或液体肥料配兑而成的肥液与灌溉水一起，均匀、准确地输送到作物根部土壤。采用灌

溉施肥技术，可按照作物生长需求，进行全生育期需求设计，把水分和养分定量、定时，按比例直接提供给作物。

（1）滴灌系统组成 通常由水源、首部控制枢纽、输配水管网组成。如图 17 所示。每个温室最好在靠山墙处建容积 12～15 米^3 蓄水池 1 个，并配套小型潜水泵 1 台，提前将自来水或地下水注入蓄水池中，可在寒冷冬季随时供给作物与室内气温相同的灌溉水。首部控制枢纽是对水源进行水质、水量控制的系统设备，是整个滴灌系统的控制调配中心。首部枢纽包括流量测量表、施肥装置、过滤设备、测压表和阀门。输配水管道包括主、干、支、毛管道及管道控制阀门，灌水器包括滴头或喷头、滴灌带。

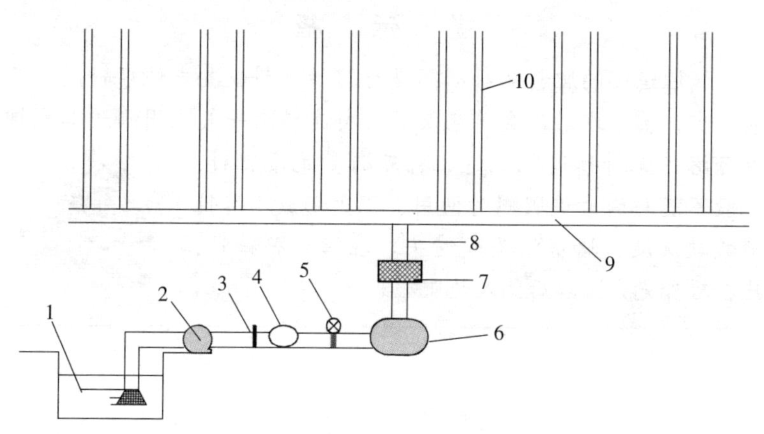

图 17 滴灌系统组成示意图

1. 水源 2. 水泵 3. 阀门 4. 流量计 5. 压力表 6. 施肥罐 7. 过滤器 8. 主管 9. 干管 10. 支管

（2）管道布设 以长度 70 米，跨度 7 米的温室为例，种植行按宽窄行平均 0.65 米布设滴灌带，温室管网由干、支二级形成，主管道东西布置，选用 PE 管材，支管道选用温室滴灌带，每栋温室需滴灌带 750 米，滴灌带孔距一般为 35～40 厘米，孔径大小视种植蔬菜品种确定，甜瓜以中型孔径为宜；室外与室内管网连接用 PVC 管，每栋温室需直径 160 毫米 PVC 管 10 米；室内管网入口处与滴灌带之间用32毫米PE管连接，每栋温室需PE管83米；PE管与滴灌带之间由滴灌带旁通连接，每栋温室需滴灌带旁通106只。

(3) 使用注意事项 要控制好系统压力，系统工作压力应控制在规定的标准范围内；过滤器是保证系统正常工作的关键部件，要经常清洗，若发现滤网破损，要及时更换；加强管理，防止杂物进入灌水器或供水管内，一旦有杂物进入，应及时打开堵塞头冲洗干净；滴灌时，要缓缓开启阀门，逐渐增加流量，以排净空气，减小对灌水器的冲击压力，延长其使用寿命；滴入肥料前先滴水40分钟左右，滴完肥料后，再滴30分钟的清水，避免肥料在滴头处结晶堵塞滴头。

提 示 板

滴灌追肥的肥料品种必须是可溶性肥料，要求纯度较高，杂质较少，溶于水后不会产生沉淀。补充磷素一般采用磷酸二氢钾等可溶性肥料作追肥。追肥补充微量元素肥料，一般不能与磷素追肥同时使用，以免形成不溶性磷酸盐沉淀，堵塞滴头或喷头。在溶解肥料时，应在罐外充分溶解后倒入施肥罐。

第三部分　无公害甜瓜的栽培技术

40. 无公害甜瓜周年生产怎样安排茬口?

（1）厚皮甜瓜　厚皮甜瓜由于对环境条件要求比较严格，只在我国西北部地区可以进行露地栽培。其他地区多采用设施栽培。主要茬口安排见表 12。各地可根据当地气候条件、设施性能和栽培水平，适当提前延后。

表 12　厚皮甜瓜设施栽培茬次表

栽培茬次		播种期	定植期	收获期
日光温室	冬春茬	11～12 月	翌年 1～2 月	3 月下旬至 7 月初
	早春茬	1～2 月	3 月	5 月下旬至 7 月
	秋冬茬	7 月末至 8 月初	8～9 月	11 月中旬
塑料大中棚	春茬	2 月上旬至 3 月初	4 月中下旬	6～8 月
	秋茬	6 月末至 7 月初	8 月上旬	9 月下旬至 10 月初

（2）薄皮甜瓜　薄皮甜瓜对环境适应性强，在我国分布较广，南北方均有栽培。我国薄皮甜瓜露地栽培面积较大，最适栽培季节为春播夏收。各地可根据当地的气候条件，于早春在温室大棚内育苗，终霜后定植于露地。如华南地区，2～3 月定植，5～6 月收获；黄淮地

区和长江流域可于4月份定植，7月份收获；东北地区可5月份定植，7～8月份收获。利用地膜加小拱棚双层覆盖的栽培方式，可提早定植15～20天，采收期可比露地提早20～30天。如东北地区可在3月上旬播种，4月中下旬定植，6月份采收，7月份拉秧种下茬。如果收二茬、三茬瓜，则采收期可延长20～30天。双膜覆盖综合了地膜覆盖与小拱棚覆盖的双重优点，具有结构简易，成本低，用工少，效益高等特点，因此成为近几年发展较快的茬口。近年来，随着设施栽培技术的逐步完善，全国各地利用日光温室、塑料拱棚等进行春提早栽培，取得了较为可观的经济效益，栽培面积不断扩大。具体茬次安排可参照厚皮甜瓜栽培。

提 示 板

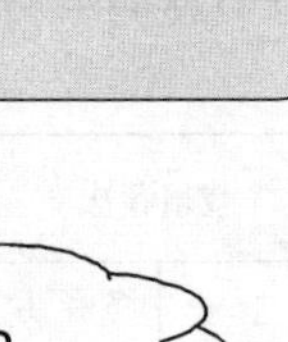

我国历史上驰名中外的哈密瓜原产地为新疆鄯善—吐鲁番—哈密，伽师瓜原产地为新疆伽师—喀什，白兰瓜和河套密瓜原产地为甘肃兰州—内蒙古磴口。著名的香瓜产地有黄河中下游陕西大荔—山东青州，长江中下游湖北荆州—江西—江浙和东北黑龙江、吉林、辽宁三省。

(1) 伊丽莎白 从日本引进的特早熟品种。全生育期90天，果实发育期30天。子蔓结瓜为主。果实圆球形，果皮黄艳光滑，单果重500克左右。果形整齐，坐瓜一致，果肉白色，肉厚2.5～3厘米，肉质细软多汁，含糖量13%～15%。单株结瓜2～3个。本品种

耐湿，适应性广，抗逆性较强，易于栽培，但对白粉病抗性较差。

(2) 玉金香　甘肃省河西瓜菜研究所选育。早熟种，全生育期85～95天，果实发育期40天。子蔓结瓜为主。果实圆形或扁圆形，果皮乳黄白色，偶有网纹。单瓜重1千克，果肉白色，汁多，纤维少、质细，味甜，香气浓，折光糖含量16%～18%。抗白粉病，耐霜霉病。在西北、华北、东北等地广泛种植。

(3) 黄河蜜瓜　甘肃农业大学瓜类研究所从白兰瓜变异系中选育而成。生育期比白兰瓜早10天左右。子蔓结瓜为主。果实圆形，单果重2千克左右。果皮金黄色，光滑美丽，果肉绿色或黄白色，肉质较紧，汁液中等，糖度高，折光糖含量14.5%。适于宁夏、甘肃、内蒙古等地种植。

(4) 西博洛托　从日本引进的早熟甜瓜品种，果实发育期40天。植株长势前弱后强，子蔓结瓜为主，结2～3次瓜的能力强，抗病力强。果实圆而光滑，外形美观，白皮白肉，具香味，折光糖含量16%～18%，单瓜重1千克左右。在山东、上海等地推广，种植面积较大。

(5) 丰雷　天津科润蔬菜研究所育成的早熟厚皮甜瓜品种。植株生长势中等，低温期开花坐果早，果实成熟期35天左右。果实圆形，单果重1.3千克左右，果皮黄绿色，覆10条灰色条带，沟肋明显，外观新颖独特。果肉白绿色，肉厚3.5厘米，肉质脆，含糖量15%左右，香味浓郁。坐果能力强，可采3～4茬果。耐贮运，适应性广，每667米^{2}产量2 500千克左右，适于春、秋保护地栽培。

(6) 京玉月亮　北京市农林科学院最新培育成的白皮橙肉厚皮甜瓜品种。其肉色橙红，熟性早，外观漂亮，果实圆球形，光滑细腻，白里透橙，肉质细嫩爽口，含糖量14%～18%，单果重1.2～2.2千克。适合保护地早熟优质栽培。

(7) 景甜1号　黑龙江省景丰良种开发有限公司育成。植株生长旺盛，植株上带绒毛，杂交一代幼苗即带此指示性状，可用以区别假杂种。果实长圆形，白绿色，肉厚4厘米左右，含糖量高，单果重1千克。抗病性强。晚熟，每667米^{2}产2 500千克左右。

(8) 中甜1号 中国农业科学院郑州果树研究所培育的早熟厚皮甜瓜杂交一代种。全生育期85～88天。果实长椭圆形，果皮黄色，上有10条银白色纵沟。果肉纯白色，肉厚2.5厘米左右，可溶性固形物含量13.5%～15.5%，肉质细脆爽口，单瓜重1.2千克左右，一般每667米^{2}产量2 500～3 000千克，耐贮运性好，抗病性强，适应性广，适于大棚、小棚和露地地膜覆盖栽培。

(9) 丰甜1号 安徽省合肥市种子公司培育的厚皮甜瓜杂交一代种。植株生长势中等，全生育期80天左右，雌花开放至成熟28天。子、孙蔓均可坐果，以孙蔓坐果为主。果实椭圆形，大小均匀，果皮金黄色，果面有10条银白色棱沟，果肉白色，果腔小，肉厚约2.8厘米，含糖量14%，肉质清香细嫩，脆甜爽口，不绵软。单果重为1千克，每株结果3～4个，667米^{2}产量2 500千克。该品种高产稳产，易坐果，抗病、抗逆性强，商品率高。

(10) 甬甜5号 宁波市农业科学研究院蔬菜研究所育成。该品种生长势较强，株形开展，子蔓结果，最适宜的坐瓜节位为主蔓第12～15节。单果重1.5～1.8千克，果实椭圆形，果皮为白色，网纹稀细，果面有浅棱沟，果肉橙色，中心折光糖含量15%以上；肉质脆，口感松脆、细腻。早熟性好，春季果实发育期36～40天，秋季35～38天，全生育期94～100天。667米^{2}产量2 000千克左右。较抗白粉病和霜霉病，病毒病发病率较低。经春季耐低温试验和夏季耐热试验，其耐低温性相对较好，但夏秋高温季节应适当推迟播期。

(11) 蜜世界 台湾农友种苗公司培育的一代杂种，白皮品种，为世界最著名的蜜露型厚皮甜瓜。中熟种，子蔓结瓜为主。果实长球形，果皮淡白绿色，果面光滑或偶发生稀少网纹。果重1.4～2千克。肉色淡绿，肉质柔软，细嫩多汁，无渣滓，折光糖含量在14%～16%，品质优良，风味鲜美。低温结果力甚强，开花至果实成熟，需

要 45～55 天。果肉不易发酵，果蒂不易脱落，耐贮运，产量高，适于外销。本品种刚采收时肉质较硬，需经数天后熟，待果肉软化后食用，品质最佳。

（12）状元　台湾农友种苗公司育成的一代杂种。早熟品种，易结果，开花后 40 天左右可采收。子蔓结瓜为主。成熟时果面呈金黄色，采收期容易判断，果实橄榄形，脐小，果重 1.5 千克左右，大果可达 3 千克。肉白色，含糖量 14%～16%，肉质细嫩，品质优良，果皮坚硬不易裂果，耐贮运。本品种株形小，适于密植。状元品种在有些地区容易早衰，所以要加强植株管理。另外新发展地区一定要先少量试种。

（13）银翠　台湾农友种苗公司培育的一代杂种。绿网纹绿肉。春季栽培果实膨大性好。单果重 1.4～2.5 千克。早春栽培不易裂果，含糖量 14%～16%，品质优良。生长势强，产量高，开花后 40～50 天成熟。

（14）玉姑　台湾农友种苗公司培育的一代杂种。植株长势强，栽培容易。果实高球形至短椭圆形，果皮白色，果面光滑或有稀少网纹，不易脱蒂。果重约 1.8 千克，果肉淡绿且厚，种腔小，肉质柔软细腻，耐贮运。含糖量 15%～18%。播种至采收约 85 天，坐果能力强，开花至采收约 40 天。每 667 米^2 产量 1 500 千克左右。

提　示　板

厚皮甜瓜品种繁多。根据熟性，可分为早熟品种、中晚熟品种和晚熟品种三类，根据果面有否网纹可分为网纹甜瓜和光皮甜瓜两类，根据果实皮色可分为白皮品种、黄皮品种、绿皮品种和花皮品种四类，根据果肉色泽可分为白肉品种、绿肉品种和红肉品种(含橘黄肉)三类，按果肉质地则又能分为脆肉型、软肉型和粉质型三类。

(1) 早熟齐甜1号 黑龙江省齐齐哈尔市蔬菜研究所育成。从开花到始收25～28天，比同类品种早熟3～6天。果实梨形或筒形，幼果深绿色，成熟果实黄绿色有白地，色泽鲜艳，商品性好，单瓜重300～500克，含糖量15%～16%，有香味，适口性极佳。667米^{2}产量2 000～2 500千克。

(2) 龙甜3号 黑龙江省园艺所育成。生育期75～85天，子蔓、孙蔓均可结瓜，一般每株结3～5瓜。果实成熟时浅黄色，带白道。果肉白色，肉质轻沙，香味浓，外观美，一般单瓜重500克，含糖量12%以上，平均每667米^{2}产2 500千克。

(3) 龙甜4号 黑龙江省园艺所育成。中早熟品种，生育期73天左右，子蔓结瓜为主，连续结瓜能力强，植株生长势强健，根系发达，高抗枯萎病。果实长卵形，成熟时黄白色，外观洁净美观，果实大小整齐，平均单瓜重520克。果肉纯白色，肉质沙脆，成熟时略面而不软，具有诱人的口味，平均含糖量13%～15%。果实耐贮、耐湿、耐烂，常温下可存放7天左右。坐果能力强，平均单株结瓜4个。

(4) 永甜9号 黑龙江省齐齐哈尔市永和甜瓜经济作物所育成。植株生长势较强，子蔓、孙蔓都能坐瓜，结果较容易，单果重350～400克，整齐度好。果实浅黄皮，色泽鲜艳，商品性好，折光糖含量为16%～17%，适口性好，耐运输，货架期较长，落花至开园上市约30天，适宜棚室栽培，667米^{2}产量3 000～3 500千克。

(5) 永甜11号 黑龙江省齐齐哈尔市永和甜瓜经济作物所育成。早熟品种，平均单瓜重400～500克。果实成熟时为浅黄色，色泽美丽，果实甜脆，含糖量可达18%，适口性极佳。子蔓结瓜能力强，

气候正常，蔓蔓有瓜，坐瓜容易，产量稳定。抗病性强，根系发达，老化慢，在重茬地块栽培抗枯萎病能力强于同类品种。耐运输性好，瓜皮薄而韧，无畸形瓜，很少有裂瓜，存放时间长。667 米^2 产量最高可达 4 000 千克。

(6) 泽甜 1 号　齐齐哈尔市泽甜种业公司推出的极早熟薄皮甜瓜杂交种。比齐甜 1 号早熟 10～12 天，高温栽培成熟期 52～54 天。子蔓结瓜，结瓜能力强，单株结瓜 5～8 个。低温条件结瓜能力高于同类品种。幼瓜浅绿色，膨大速度快，成熟瓜梨型，黄白色，转色快，着色好，无绿肩和绿纹，肉质甜脆，瓤色橘黄，不倒瓤、不裂瓜、香味浓，含糖量 12%。子蔓瓜膨大均匀、整齐，集中成熟，成熟标志明显。抗枯萎病、霜霉病、白粉病能力优于同类品种。因结瓜能力强，整枝不宜过重，单瓜重 300～450 克，667 米^2 产量 3 500 千克，特别适宜棚室、露地抢早栽培。

(7) 红城 10 号　大民农业科学研究院新育成的甜瓜新品种。生育期 65～70 天，开花至果实成熟 28 天左右。植株长势旺，果实阔梨形，成熟时果皮黄白色，美丽有光泽，果肉白色，肉厚 1.5～2.0 厘米，含糖 14%～16%，甜脆适口，香味浓郁。植株抗逆性强，抗枯萎病，较抗炭疽病，丰产性好，耐储运。单瓜重 250～500 克，最大可达 750 克，667 米^2 产量 3 000～4 000 千克。棚室栽培低温下坐果率明显高于同类品种。

(8) 京玉 11 号　北京市农业技术推广站育成。早熟、丰产、稳产，抗病、耐湿、耐低温，栽培容易。授粉后 25 天左右果实成熟。果实梨形，成熟时玉白色带黄晕，外观娇美，艳丽光洁。果肉白色，风味纯正，肉厚腔小，肉质细腻，甜脆适口，香味浓郁，口感极佳，含糖量 15%～18%。单瓜重 460 克，不脱蒂、不裂瓜，子蔓、孙蔓均可坐瓜，667 米^2 产量可达 6 000 千克。

(9) 金妃　黑龙江省农业科学院大庆分院选育的早熟抗病薄皮甜瓜杂交种。子蔓和孙蔓均可结瓜，结瓜能力强，每株结瓜 6～8 个。果实长圆形，成熟瓜黄白色，覆绿色条纹，具有传统薄皮甜瓜特有的清香气，微沙甘甜，果实含糖量高；不裂瓜，不倒瓤；单瓜重500克左右。露地栽培每667米^{2}产量2 000千克左右；霜霉病病情指数26.69，白粉病病情指数34.75，均轻于对照齐甜1号。

(10) 玉露 台湾农友种苗公司选育的杂交一代品种。中熟，从播种至果实成熟110天，果实发育期45天。生长势强，抗病毒病能力强。果实圆球形，未成熟时果皮淡绿色，成熟后果皮奶油色，果面有稀细网纹。果肉厚约3厘米，肉色淡绿，含糖量14%，肉质细嫩，香气飘逸，品质优良。成熟时果梗易脱落，坐果率高，丰产性好，单果重2千克。该品种抗病性好，保护地和露地均可栽培。

(11) 富尔9号 齐齐哈尔市富尔农艺有限公司推出。植株生长势强，从出苗至采收商品瓜约70天。以子蔓结瓜为主，子蔓、孙蔓均可结瓜。果实卵圆形，银白色，充分成熟时果面泛有黄晕。果肉厚，腔小，白色，耐运输，久放不易变质，不倒瓤，含糖高，口感好，风味佳，产量突出高，抗各种病害。

(12) 唐甜2号 河北省唐山市农业科学研究院育成。全生育期65天左右，果实发育期25～29天。子蔓、孙蔓均可坐瓜。果实圆梨形，果皮白色，成熟时覆黄晕。果肉白，松脆，有清香。贮运性较好。果实中心可溶性固形物平均含量12.5%，平均单瓜重370千克，果实商品率93%。667米^{2}产量2 000千克。

(13) 翠宝 植株长势强，全生育期75～100天。单瓜重400～600克，果实高圆形至阔梨形，果面光亮，有纵条纹。绿皮绿肉，果皮特薄，肉质极酥脆，可溶性固形物含量12%～14%，品质极优。抗枯萎病、蔓枯病、白粉病、霜霉病、叶斑病等病害，667米^{2}产量可达3 500千克。

(14) 顺天瑞妃 杂交一代品种。根系发达，抗旱，抗枯萎病、蔓枯病、白粉病、霜霉病，耐重茬栽培；子蔓、孙蔓均易坐果，单株结果可达8～12个，果实膨大速度快，坐稳后19～25天就可采收，较同类品种早熟3～4天。外观美，果实椭圆形，熟前墨绿色，采收时黄白微绿，条纹光亮；商品性好，肉质甜脆；不易裂瓜，不烂果，

香味浓，品质佳，耐长途运输。大棚栽培单瓜重350～450克，露地栽培单瓜重450～750克，果实整齐一致，667米²产量可达6 000千克，适于东北三省及山西、内蒙古等地露地或保护地栽培。

(15) 抗霸天下　早熟白瓤黄白微绿皮带条纹抗病杂交一代甜瓜新品种。植株长势强，根系发达，抗旱，耐湿，抗枯萎病、蔓枯病、霜霉病等病害，耐重茬，可缩短轮作年限；子蔓、孙蔓均可坐果，单株结果可达5～8个，瓜坐稳后21～25天就可上市；大棚栽培，单果重350～450克，露地栽培单果重350～650克。果实阔梨形至卵形，熟前灰绿色，熟时渐转黄白微绿或至黄白色，条纹美丽；肉质松脆，可溶性固形物含量11%～12%；果皮耐摩、抗裂；667米²产量可达6 000千克。适于东北三省及山西、内蒙古等地温室、大中棚地爬栽培或露地栽培。

提　示　板

我国是薄皮甜瓜的起源中心之一，栽培历史悠久，品种资源丰富。以果实皮色为主要特性，结合农业生物学特性，可分为白皮品种、黄皮品种、绿皮品种、花皮品种、粉质(面瓜)品种和小籽品种6个品种群。

甜瓜冬春季育苗，地温低，幼苗根系发育不良，嫁接后伤口不易愈合，可通过铺设电热温床对床土进行加温提高地温和地面温度。设置电热温床的基本步骤如下：

(1) 做苗床 日光温室中设置电热温床，应选择光照、温度最佳部位，在中柱前做东西延长的床，床面低于畦埂10厘米，要求床面平整，无坚硬的土块或碎石。如地温低于10℃，应在床面上铺5厘米厚的腐熟马粪、碎稻草、细炉渣等作隔热层，压少量细土，用脚踩实。

(2) 选定功率密度 单位面积苗床上需要铺设电热线的功率称为功率密度。通常地温设定在20℃左右时，功率密度可选择80～100瓦/米^2。

(3) 计算布线间距 布线前应先根据公式计算电热线的布线行数和布线间距。

$$电热温床面积（1根电热线）=\frac{1根电热线的额定功率}{功率密度}$$

$$布线行数=\frac{线长-苗床宽度}{苗床长度} \qquad 布线间距=\frac{苗床宽度}{布线行数-1}$$

例如：用一根100米长，额定功率为1 000瓦的电热线铺设电热温床，选择功率密度100瓦/米^2，则：

$$可铺设电热温床面积=\frac{1\ 000瓦}{100瓦/米^2}=10米^2$$

假设苗床长为10米，宽为1米，则：

$$布线行数=\frac{100-1}{10}\approx 10行$$

（注：布线行数要为偶数，以便电热线的引线能在一侧，便于连接）

$$布线间距=\frac{1}{10-1}\approx 0.11米=11厘米$$

(4) 布线方法 布线前，先在温床两头按计算好的距离钉上小木棍，布线一般由3人共同操作。一人持线往返于温床的两端放线，其余二人各在温床的一端将电热线挂在木棍上，注意拉紧调整距离，防止电热线松动、交叉或打结。电热线要紧贴地面，同时把电热线与外接导线的接头埋入土中（图18）。另外，为使苗床内温度均匀，苗床两侧布线距离应略小于中间。整床电热线布设完毕，通电后畅通无阻后再断电，准备铺床土。

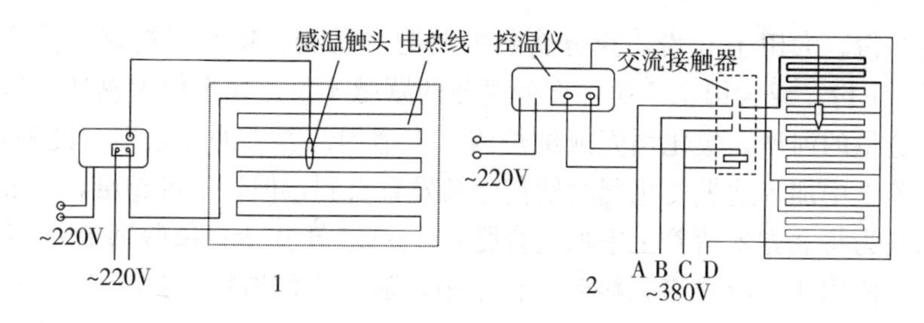

图 18　电热温床布线示意图

1. 单线接线图　2. 星形接线图

（5）铺床土　电热线铺好后，根据用途不同，上面铺床土的厚度也不同。如用作播种床，铺 5 厘米厚的床土；移植床，铺 10 厘米厚床土；育苗盘或营养钵可直接摆在电热线上。上面扣小拱棚，夜间可加盖草苫、纸被保温，保温效果更好。

提　示　板

电热线可长期在土中使用，不允许整盘做通电试验用；电热线的功率是额定的，严禁截短或加长使用；使用一根电热线时，可直接用 220 伏电源，如使用多根电热线需用 380 伏电压；多根电热线连接需并联，不可串联。

44. 甜瓜常规育苗怎样设置苗床?

（1）配制营养土　配制育甜瓜苗的营养土，应选择没种过瓜类作物的大田土或葱蒜茬土壤，以防土壤中含有病菌、虫卵引起病虫害。由于各地肥源不同，营养土的配方有较大差异。常用配方有：草炭6份，大田土3份，充分腐熟的厩肥（马粪、猪粪、鸡粪或大粪干）1份；或大田土6份，充分腐熟的厩肥4份。如土质太黏还可以加适量的河沙、炭化稻壳或细炉渣，以增加营养土的疏松度。此外，营养土中加入适量的化肥对幼苗生长发育有利，但切不可超量，一般用量为每立方米营养土中加复合肥0.5～1.5千克或过磷酸钙1～2千克。使用化肥应先将肥料溶化在水中，随后均匀地喷布到营养土中。为防治土传病虫害，每立方米营养土加入50%托布津或50%多菌灵粉剂80～100克，25%敌百虫60克。上述材料需捣碎、过筛、充分混匀后备用。

对营养土进行消毒，可以预防某些苗期病害的侵染和发生。生产中可用福尔马林熏蒸消毒或药液消毒。

①福尔马林熏蒸消毒。每千克营养土需100倍福尔马林溶液30毫升，用喷壶均匀喷洒到土壤中，充分拌匀后，堆成土堆，上盖塑料薄膜闷2～3天，以达到充分杀菌的目的。然后掀开薄膜，摊平土壤，经1～2周后，药气全部散尽后使用，否则容易发生药害。

②药液消毒。用50%代森锌或多菌灵200～400倍液消毒，每平方米床面用药剂原粉10克左右，配成2～4升药液喷浇即可。营养土潮湿时可配成200倍液，干时可配成400倍液。

（2）制作苗床 设施育苗的场所可以是阳畦、大棚、温室等，通常将苗床设在温度和光照都比较好的部位，如温室和大棚的中间部位。

①播种（移植）苗床。选好位置后先制作床底，宽度1～1.5米，长度可根据育苗量来确定，苗床四周根据需要做5～10厘米高的畦埂。低温季节育苗可在床底铺设地热线，并接通电源，做成电热温床。最后在苗床分别填入配制好的播种床土或移植床土备用。

②育苗盘。育苗盘多在播种和培育籽苗时使用。既可用于床土育苗，也可用于无土育苗，可随意调换位置，也可以叠放在架床上，减少占地面积，应用起来比较方便。

③营养钵。是指用聚乙烯或聚氯乙烯制成的圆筒形育苗容器，底

部有一个或多个漏水的小孔，防止积水沤根。甜瓜根系不耐移植，必须采用护根育苗。利用营养钵育苗，可保持根系完整，定植后不用缓苗，定植成活率大大提高。育甜瓜苗可选用 8～10 厘米口径的营养钵，使用时将已配好的营养土装入营养钵中，上端留有 1～2 厘米高的空间，浇透水后可用于直接播种或分苗。

提　示　板

传统生产中经常使用五代合剂（五氯硝基苯与代森锌混配）、五福合剂（五氯硝基苯与福美双混配）对育苗营养土进行消毒处理。但由于五氯硝基苯具有致畸作用和高残留性，目前在无公害甜瓜生产中禁止使用。

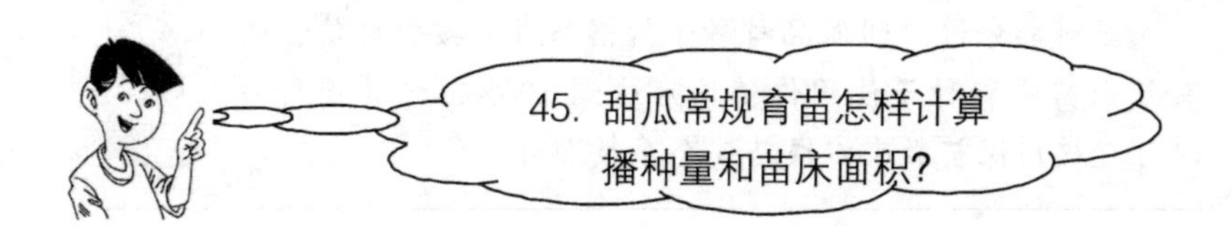

45. 甜瓜常规育苗怎样计算播种量和苗床面积?

播种量是指种植一定面积的甜瓜在育苗时的用种量。播种量是由定植密度、每克种子粒数、安全系数（出苗数与定植数的比值）、种子使用价值（种子净度×发芽率）、有效出苗率等因素决定的。可根据下列公式计算：

$$播种量=\frac{定植株数\times成苗安全系数}{每克种子粒数\times有效出苗率\times种子使用价值}$$

例如占地 667 米^2 的塑料大棚需定植薄皮甜瓜 2 200 株，甜瓜千粒重为 20 克左右，即每克种子 50 粒，成苗安全系数为 1.2，有效出苗率为 90%，种子使用价值为 90%，计算其种子用量为：

$$播种量=\frac{2\,200\times1.2}{50\times90\%\times90\%}=65（克）$$

苗床的播种面积取决于种子发芽率、幼苗在播种床内的生长时间长短、幼苗叶片的开张度和生长速度。

$$播种床面积（米^2）=\frac{播种量（克）\times 每克种子粒数\times 每粒种子所占面积（厘米^2）}{10\ 000}$$

其中，甜瓜每粒种子所占面积可取 4，采用催芽后点播或撒播，种植 667 米^2 大棚需播种床 1.5～2.0 米^2。

$$分苗床面积（米^2）=\frac{分苗总株数\times 每株营养面积（厘米^2）}{10\ 000}$$

甜瓜每株营养面积为 10×10（厘米^2），则种植 667 米^2 大棚育苗 2 200 株，需分苗苗床 20～30 米^2。

提　示　板

当前部分进口甜瓜品种种子价格昂贵，按粒计价，但有效出苗率和种子使用价值均可达到 100%，计算播种量时可直接用保苗数乘以成苗安全系数即可。

46. 甜瓜种子怎样进行浸种催芽?

名家解答

种子播前消毒是减少病害传播，预防田间病害发生的一项必不可少的措施。种子消毒方法有以下几种：

（1）温汤浸种　温汤浸种可以杀灭附着在种子表面及潜伏在种子内部的病原菌，方法简单易行，适用性广，可以与浸种结合进行。具体方法是把种子投入到其体积 5 倍左右的 55～60℃的热水中浸烫，并按一个方向不断搅动，使种子受热均匀。保持

恒温 15～30 分钟，即处理过程中要随时添加热水并不断搅动。待水温降至室温时，停止搅动。温汤浸种要严格掌握水温和烫种时间，才能达到既杀死病菌又不烫伤种子的目的。

(2) 常温浸种　甜瓜种子经过消毒后，继续用 25～30℃的温水在适温条件下浸种 6～8 小时，使之吸足水分。浸种完毕后，用手搓洗干净种皮上的黏液，清除发芽抑制物质，漂去杂质及瘪籽，并用清水冲洗干净，然后在适宜温度下进行催芽。

(3) 恒温催芽　催芽时可将充分吸水的种子用洁净的湿纱布包好、甩干，四周裹以拧干的湿毛巾，防止水分蒸发而烙干种子，然后放在干净容器中，置于适温下催芽。也可用淘洗干净的湿沙与种子以 1～1.5∶1 的比例拌和均匀，然后装在容器里，盖上毛巾等覆盖物保湿，置于适温下催芽。催芽期间要掌握好温、湿度和通气条件，甜瓜催芽温度应控制在 25～28℃，没有恒温箱的，可利用火炕、电热毯等，要在催芽容器内插一支温度计，经常检查温度。另外，催芽时一定要注意将种子包摊平，还要经常翻动种子，且每天用温水投洗 1～2 次，以散发呼吸热，排除二氧化碳，供给新鲜氧气。每次投洗后要甩干种子，然后继续催芽，以免水分过多引起腐烂。适宜温度下，24 小时即可出芽。芽长 0.5 厘米左右（种子厚度的 2 倍）时即可播种，芽过长，播种时易折断。如果因天气等原因不能及时播种，应把种子包置于阴凉处，防止芽继续生长。

提　示　板

种子萌发需要温度、水分和氧气三个必要条件。播种前先行浸种使种子充分吸水，然后放在适宜的温度、通气条件下进行催芽，满足种子发芽所需要的条件，是加速种子萌发，提高种子发芽率和出苗率的有效措施。

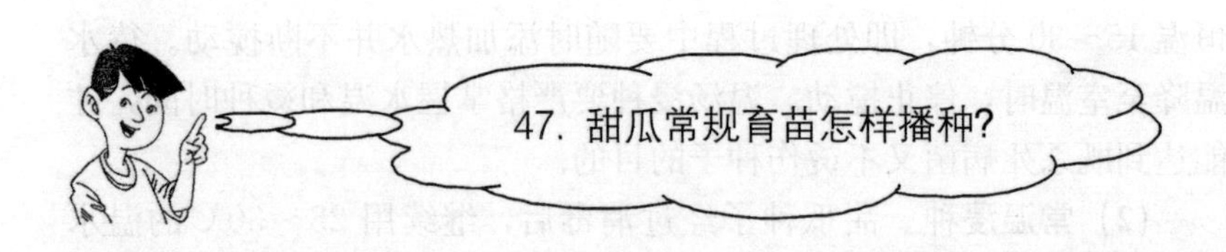

47. 甜瓜常规育苗怎样播种?

播种应选择晴天的上午。播种前，苗床底水要打足。冬春季育苗最好用开水打底水，既可以杀死床土中的病原菌，又可以提高地温。喷水时用喷壶喷透，水流不可过急，细细润透床土。如发现有个别地方积水，说明床面没有整平，可在水渗下后，在低凹处撒细潮土找平，或用木板将床面刮平。用小细棍扎床土表面，很容易扎透，说明水已浇透。

播种前在苗床上撒一薄层药土，将已出芽的甜瓜种子均匀撒播或点播，注意种子要平放，不要直插入土中。如果播种量较大，可边播边覆土，防止种子失水。通常在种子上面撒一薄层药土，然后再覆1厘米厚的细土。药土下铺上盖，可有效地防止苗期病害。低温季节播种，覆土后床面盖一层透明地膜增温、保湿，促进快速出苗。但如果是春季或夏秋季节播种，覆土后床面应覆盖一层不透明覆盖物，如无纺布、遮阳网等，只起到保持土壤水分的作用，防止床土温度过高而烤伤幼芽。

播种后出苗前，苗床温度应保持在白天28～30℃，夜间18～20℃，地温保持在20℃左右。冬季育苗可通过多层覆盖、铺设电热温床等措施提高苗床温度，促进早出苗、快出苗。播种3～5天后，50%以上幼苗子叶拱土时及时撤去覆盖物以防徒长。幼苗两片子叶展平后，甜瓜的发芽期结束，应立即降低苗床温度，白天22～25℃，夜间15℃左右，严防幼苗徒长形成高脚苗。

提　示　板

有时个别种子出土时种壳也露出地面，发生“戴帽”出土现象，这是由于土温过低、覆土太薄或太干，使种皮受压不够或种皮干燥发硬不易脱落。应及时向床面上撒一层草木灰或细潮土，防止种子“戴帽”出土。对于已经“戴帽”出土的小苗，可先喷水使种皮变软，再人工脱去种皮。

专家解答

幼苗出土后10～15天，需及时将小苗从苗床分出，单株栽植，以扩大根系生长的空间和幼苗的营养面积。

(1) 分苗适期　对于甜瓜来说，幼苗两片子叶展平，刚露出心叶时为分苗适期。分苗过晚，起苗时根系损伤严重，不利于缓苗。同时由于甜瓜的花芽分化较早，如分苗过晚，容易影响植株的花芽分化。

(2) 分苗前的准备工作　分苗前3～4天应逐渐降低播种床温度、湿度，给以充足的阳光，增强幼苗的抗逆性，以利分苗后迅速缓苗。分苗前一天，苗床浇少量水，使床土湿润，以便于起苗。由于甜瓜的根系木栓化程度高，再生能力差，所以必须采取护根育苗。分苗前要先配制好营养土，并选用口径较大的（如8厘米×8厘米或9厘米×9厘米）营养钵，将营养土装入营养钵中，注意土面与营养钵边口保持1厘米左右的距离。分苗床摆向以东西为好，最好选在温室中段光热条件最好的位置。冬春季育苗，为防止寒流，一定要在分苗床下铺上地热线，作为应急加温措施。最后将装好土的营养体整齐地摆在分苗床中。

(3) 分苗　分苗时先将已摆好的营养钵浇透水，然后从播种床中将小苗起出，注意尽量少伤根。栽苗前注意淘汰病弱苗、无心叶苗等。栽苗时左手拿苗，右手持小竹棍将小苗根系压入土中，并将栽苗留下的小孔抹平。如幼苗不齐，可按大小分别移植，以便于管理。

(4) 分苗后的管理　分苗后苗床密闭保温，创造一个高温高湿的环境来促进缓苗。缓苗前不通风，如中午高温秧苗萎蔫，可适当遮阴。4～7 天后，幼苗叶色变淡，心叶展开，根系大量发生，标志着已缓苗。

提　示　板

幼苗生长过程中，根系极易从营养钵底部的小孔中钻出扎入土中，移动营养钵时会再次损伤幼苗根系，造成幼苗萎蔫。为防止这种现象发生，摆营养钵前，先在分苗床底部铺一层旧报纸，可防止幼苗根系扎入土中，有利于减少伤根。

49. 甜瓜成苗期怎样管理？

甜瓜分苗缓苗后到定植前为成苗期，这段时间的生长量占苗期生长总量的 95%，其生长中心继续在根、茎、叶，同时进行大量的花芽分化。这一时期要求温度适宜、光照充足、肥水适当，以避免秧

苗徒长，利于甜瓜的花芽分化。

（1）温度管理　甜瓜成苗期的温度调控可采用大温差管理。分苗缓苗后，白天保持25～30℃，不超过32℃不放风，前半夜15～18℃以上，后半夜10～15℃，适宜地温为15～17℃。温度的调节是通过放风与保温防寒来进行的。放风原则是外温高时大放，外温低时小放，一日内从早到晚的放风量是由小到大，再由大到小。育苗期间连续降雪，应注意防寒保温，争取光照，切不可放风。久阴初晴时，也不应大揭大放，因床内幼苗长期不见光照，气温又低，根系吸收能力弱，如一时蒸腾量加大，就会引起萎蔫以致死亡，这时应随时注意秧苗的表现，见有萎蔫现象时，就在透明覆盖物上作暂时遮阴，萎蔫状态消失后，除去覆盖物，如此2～3日后，秧苗因床温升高，根系吸收能力得到恢复而解除萎蔫，之后可逐渐加大通风量。

（2）光照调节　用容器育苗的，为使各部秧苗生长一致，可按秧苗大小，重新排列，将小苗放在温光条件较好的苗床中部，大苗则放在苗床四周。生长后期，适当加大苗距，扩大幼苗的光合面积。每次倒坨后，必然影响根部吸收，故倒坨后要喷水防止秧苗萎蔫。冬季日光温室育苗，室内光照较弱时，可在苗床后部张挂反光幕来增加光照。

（3）水分管理　成苗期的水分供应，宜采取增大浇水量，减少浇水次数，使土壤见干见湿。水分过多容易引起徒长，水分控制过严则秧苗趋于"老化"，尤其进行大放风后，气温渐高，秧苗蒸腾量加大，如水分不足根部一旦受干旱影响不易复原，影响生长速度，一般在棚室内育成苗的7～8天浇一次水，成苗期间有2～3次大水已足够。浇水要选择有连续晴天的上午进行，每次水量要足，如浇水后连续阴天，秧苗容易染病。

（4）秧苗锻炼　为使幼苗适应定植后的环境，迅速缓苗，可于定植前5～7天加大通风量，对秧苗进行降温锻炼。容器育苗的可提前移到定植地点，加大苗距使其适应低温条件。

提示板

甜瓜苗定植前，应在苗床内集中喷一次广谱性杀虫剂和杀菌剂，防止幼苗带病、带虫下地，这样可以大大减少甜瓜定植成活后病虫害发生的概率。还可以向幼苗集中喷施一遍磷酸二氢钾，提高幼苗抗逆性。

50. 甜瓜怎样利用泥炭营养块育苗?

压缩型泥炭育苗营养块用草本泥炭为主要原料，添加适量营养元素、保水剂、固化成型剂、微生物等，经科学配方、压缩成型的新型育苗材料，具有无菌、无毒、营养齐全、透气、保壮苗及改良土壤等多种功效。利用泥炭营养块育苗实行单籽直播，省去了配制营养土、制作苗床、分苗等工序，还大大减少了用种量，降低了生产成本。而且泥炭营养块养分齐全、疏松透气，不但提高了秧苗质量，还隔绝了土传病害，带坨移栽，成活率几乎达100%，是一项很有发展前景的育苗新技术。其具体操作步骤如下：

（1）苗床准备

①摆块。首先选择温室温光条件好的地方，做成宽1.2～1.4米、长5～10米、畦埂高10厘米的苗床，床底整平压实。苗床做好后，在床底平铺一层塑料薄膜，四周延伸到畦埂上，以防止水分渗漏和根系下扎。甜瓜育苗可选用圆形、大孔、重40克的营养块，将营养块按1～2厘米间距整齐地摆放在苗床内。

②胀块。压缩型泥炭育苗营养块使用前需吸水膨胀，需水量一般为其重量的1.5倍。营养块摆好后，分两次灌水。第一次要喷水，就是先对摆放好的营养块自上而下雾状喷水1～2次，使表面湿润。不要用冲力很大的水管正对营养钵浇，容易造成散坨。第二次灌水，用去掉喷壶嘴的喷壶从育苗块之间的空隙中灌水，待水分完全吸收。水吸干后用牙签或铁丝等尖细材料扎刺育苗块，看是否有硬芯。如果仍有硬芯，要继续补水，直到吸水完全。水吸足后将地膜上的积水排掉，放置4～8小时后进行播种。

（2）营养块播种　种子播前按常规方法进行晒种、消毒、浸种、催芽，催芽露白70%时播种。营养块吸水膨胀的第2天，在每个育苗营养块内播一粒发芽种子，播后覆土。

（3）苗期管理

①播种后出苗前管理。播种后不要移动、按压营养块，否则易破碎，2天后结成一体、恢复强度，方可移动。低温季节盖地膜保温保湿，高温季节盖遮阳网降温保湿，破土约70%时揭膜。育苗块间隙不必填土，以坚持通气透水，防止根系外扩。

②小苗期及成苗期管理。小苗期要尽量控制水分，防止水分过大导致徒长。出苗15天后可根据幼苗水分需求逐渐增加水分供应。浇水应在早晨棚温上升前进行，绝不能用喷壶喷水，应用小水流从床底缓慢灌水（溜缝），让水分从育苗块底部吸收上去，有利于降低育苗块表面温度，延长水分供应时间。日常水分管理以见干见湿为好，切忌苗床长时间积水。

成苗期可参照甜瓜常规育苗调节光照、温度和水分，并于定植前7～10天开始，停止浇水并降低苗床温度进行炼苗。幼苗三叶一心时即可定植。

提 示 板

泥炭营养块育苗隔绝了幼苗与土壤的接触，能够有效防止土传病害的发生。需要指出的是播种后一定要覆盖无土基质或经严格消毒的营养土，以防止覆盖用土壤带菌，引发苗期病害。

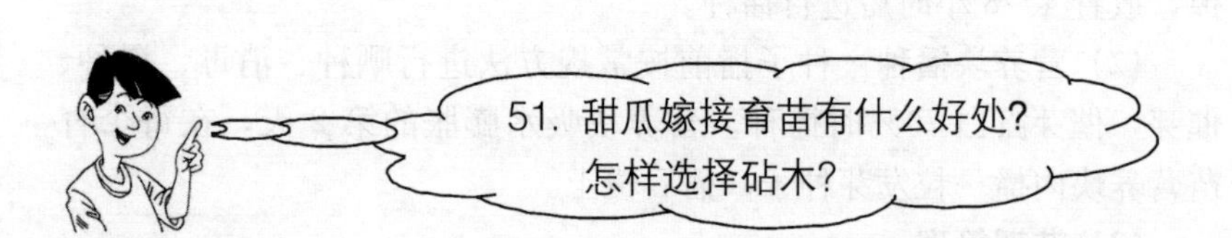

51. 甜瓜嫁接育苗有什么好处？怎样选择砧木？

嫁接育苗又称“嫁接换根”，指将切去根系的甜瓜幼苗接于另一种植物的适当部位，两者接口愈合后形成一株完整的新苗。无根的甜瓜幼苗称为接穗，提供根系的植株称为砧木。

由于甜瓜设施栽培轮作倒茬困难，导致枯萎病、根结线虫等土传病虫害危害严重，难以防治。采用嫁接换根不但能够防止上述土传病虫害的发生，并且能够很好地克服由于冬春季地温低、光照弱、湿度大而引起的寒根、沤根等生理障害。加之砧木根系强大，吸肥、吸水能力强，故嫁接换根后的植株生长健壮，产量大幅度提高。目前，甜瓜、黄瓜、西瓜等瓜类设施栽培中普遍采用嫁接育苗。

甜瓜嫁接最容易发生不亲和现象，故对砧木要求严格。目前用于甜瓜嫁接表现较好的砧木主要有以下三类：

①南瓜砧。南瓜砧包括普通南瓜、杂种南瓜和野生南瓜。南瓜砧的主要优点是：高抗甜瓜枯萎病，根系吸收能力强，耐低温，易获高产。缺点是选用品种不当与甜瓜易发生不亲和现象，嫁接苗成活率

低，也容易引起植株旺长和影响果实品质。目前生产应用较多的有新士佐系列、圣砧1号、甬砧2号等。

②甜瓜共砧。是指选择高抗枯萎病的甜瓜品种或杂种一代作砧木，其嫁接亲和力最强，结果稳定，果实品质最佳，但抗病性和抗逆性稍差，在发病轻的土壤栽培尤其是温室网纹甜瓜嫁接时应用利于保持品质。由于厚皮甜瓜对果实的品质要求极为严格，因此甜瓜砧的应用比较普遍，特别是在栽培效益较高的温室甜瓜栽培中，甜瓜砧应用的更为普遍。目前国内推广的甜瓜共砧主要来自日本，常用的有对枯萎病抗性较强的翡翠；抗枯萎病而且苗茎较粗易于嫁接的希尔费宝力特；对枯萎病具有完全抗性，适合做秋季栽培用砧的健脚、适合春季栽培用砧的大井等。

③冬瓜砧。冬瓜砧与甜瓜的嫁接亲和性较好，嫁接植株长势稳定，不易徒长；嫁接植株的果实品质较好，一般不会出现明显的品质变劣的问题；对甜瓜枯萎病的抗性很强，嫁接甜瓜的防病效果较好。冬瓜砧的主要不足是耐低温的能力较差。在低温条件下，嫁接株发棵较慢，结瓜晚。冬瓜砧适用于高温期甜瓜嫁接栽培，也适合作网纹甜瓜嫁接用砧。但由于目前的甜瓜栽培主要集中于低温期，因此冬瓜砧的应用规模小。

提 示 板

选择嫁接砧木首先应考虑砧木与接穗的嫁接亲和力和共生亲和力要强，即嫁接后伤口容易愈合，愈合后嫁接苗长势旺盛。其次，砧木对各种土传病害要达到免疫或高抗。第三，砧木根系强大，吸收能力强，抗逆性强，能够适应保护地栽培中寒冷、潮湿的土壤环境。第四，砧木不影响甜瓜的品质，如外观、色泽、口感等。

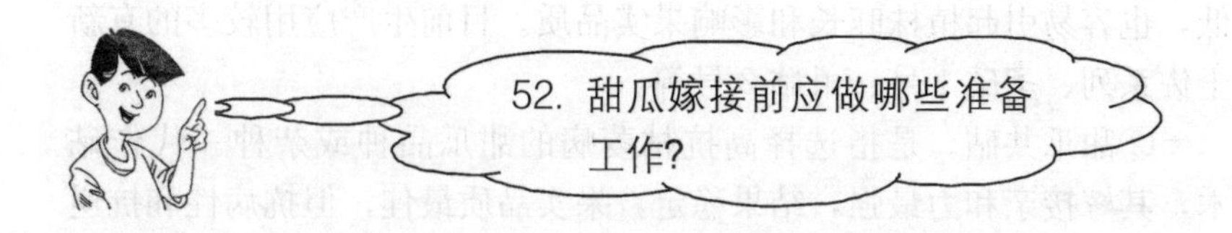

(1) 确定适宜的播种期 确定适宜的播种期要根据砧木的种类和嫁接方法，因为不同的嫁接方法对砧木的大小要求不同，而不同砧木种类的幼苗又存在生长快慢的差别，要想使砧木的嫁接适期与接穗的嫁接适期相遇，必须安排好正确的播种期。如以南瓜作砧木，采用插接法，要求接穗要小，所以应先播南瓜，隔 3～4 天再播甜瓜；若采用靠接，要求有较大的接穗，以应先播甜瓜，隔 3～4 天再播南瓜。

(2) 砧木和接穗苗的培育

①浸种催芽。播种前应先确定用种量，可根据发芽率、定植密度、嫁接成活率等来确定砧木的实际用种量。将砧木和接穗的种子用50%多菌灵 500 倍液浸种 40 分钟，用清水充分洗净后在室温下继续浸种 6～8 小时。种子捞出后沥干水，并用纱布包好后，置于 25～28℃下催芽。

②播种。砧木采用常规育苗方法，直接播种到浇透水的营养钵中，每钵播一粒，芽朝下，覆以 1.5～2 厘米厚的潮湿细土，上面再盖一层地膜保温保湿。甜瓜种子出芽后可直播于温室中的育苗床或育苗盘中，可以营养土或细河沙为基质，覆以 1 厘米厚的细土或 1.5 厘米厚的细沙。

③苗期管理。播种后出苗前应保持 25～28℃的地温，当 70%幼苗出土后应及时揭去地膜，并适当降温，防止下胚轴徒长。白天20～25℃，夜间 16～18℃，控制浇水，如土表干裂，可覆以少量潮湿的细沙以减少土面蒸发。嫁接前 1～2 天适当通风炼苗，以提高幼苗的抗逆性。

（3）嫁接场所和工具的准备 将刮脸刀片对折后分成两片作嫁接刀具。插接时用的竹签可用竹针磨细后代替，粗度同接穗茎，断面半圆形，先端渐尖，呈楔形。嫁接夹最好用圆口的，消毒剂可用75%酒精或75%百菌清可湿性粉剂800倍液。嫁接前一天晚上将砧木苗浇透水，并用77%可杀得可湿性粉剂500倍液或50%甲基托布津可湿性粉剂500倍液加少量农用链霉素，对砧木、接穗及周围环境喷雾消毒。嫁接要在温室或大棚中进行，首先将嫁接场所遮阴，保持25℃左右，同时支好小拱棚。小拱棚地面要深翻，浇足水，覆盖薄膜和纸被遮阴保湿。

53. 甜瓜常用嫁接方法有哪几种?

（1）靠接 要求两者的茎粗相似，砧木出苗后，两片子叶展平，刚露真叶时开始嫁接。首先用刀片或竹签去除砧木真叶、生长点和侧芽，然后在生长点下0.5厘米扁茎的窄面一侧处，用刀片向下切约1/2茎粗的斜口。甜瓜在生长点下1.5厘米处向上切2/3茎粗的斜口，甜瓜、砧木切口的斜面长度约1厘米。砧木、接穗切口要平整，切面平有利于伤口愈合。将二者切口对插嵌合，双方的子叶呈十字形交叉，并用嫁接夹夹好固定，同时将甜瓜根部埋在砧木的营养钵中，注意把两株苗的根茎分开一定距离，利于甜瓜以后断根（图19）。靠接技术简便，接穗带根不易失水萎蔫，嫁接成活率高达98%以上，适于初学者。缺点是嫁接时要使用嫁接夹或塑料条固定，当嫁接苗成熟后，还要切断甜瓜切口下部胚轴，拿下嫁接夹，工作量大；刀口距地面近，易受病菌感染。

（2）插接 插接要求砧木茎较接穗茎粗一些，当砧木两片子叶展平，第一片真叶直径2～3厘米时为嫁接适期。先用刀片削除砧木生长

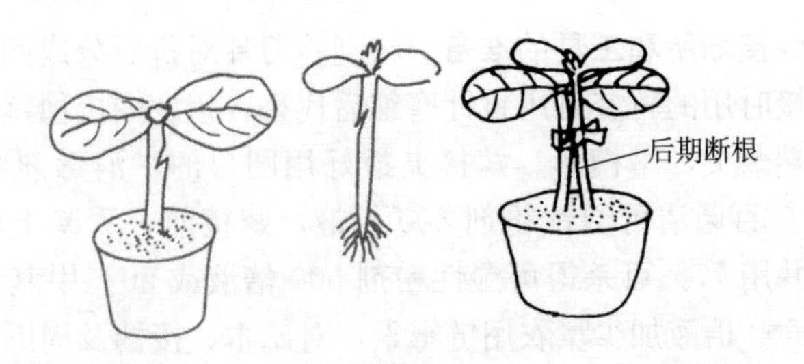

图19　靠接示意图

点及一对侧芽，然后用竹签由芯部斜插45°，形成斜楔形孔，深度以不穿破下胚轴表皮，隐约可见竹签为宜，深约0.8厘米。注意不要将竹签垂直插入茎空心处，否则甜瓜主根易向下生长出不定根，形成“假活苗”。竹签插在上面不要拔出，之后在接穗子叶下方1～1.5厘米处，用刀片以30°角向下斜切一个单楔形面，刀口要平，应一刀切下，切口长度大致与插孔深度相同，取出竹签，把接穗削面朝下插入孔中，使接穗子叶方向与砧木子叶方向相同，并斜靠在砧木的子叶一侧，轻轻按实，使砧木与接穗切面紧密结合（图20）。插接接口距地面位置较高，不易受土壤中病菌侵染，另外不用固定，不用断根，省工省时。但插接由于接口面积小，接穗很容易掉下来，对操作的技术要求高。

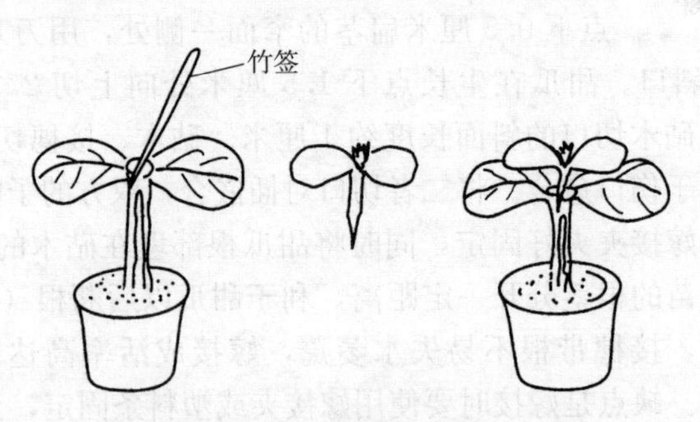

图20　插接示意图

(3) 劈接法　先将砧木生长点去掉，用刀片从砧木两片子叶中间的一侧竖直向下切劈开，深度约1厘米，以不切到髓腔的空心处为宜，与子叶水平线垂直方向，注意不要把整个胚轴劈开，否则子叶下

垂捆扎困难。然后把接穗从子叶下胚轴两面各削一刀，形成双面楔形，切口长 8 毫米左右。将削好的接穗插入砧木切口中，使接穗与砧木表面平整对齐，用夹子固定或用胶带粘住（图 21）。此法的优点是对砧木和接穗的苗龄要求不严，成活率高，嫁接速度快，省去了接穗断根的麻烦，而且接口高，便于定植后的管理。

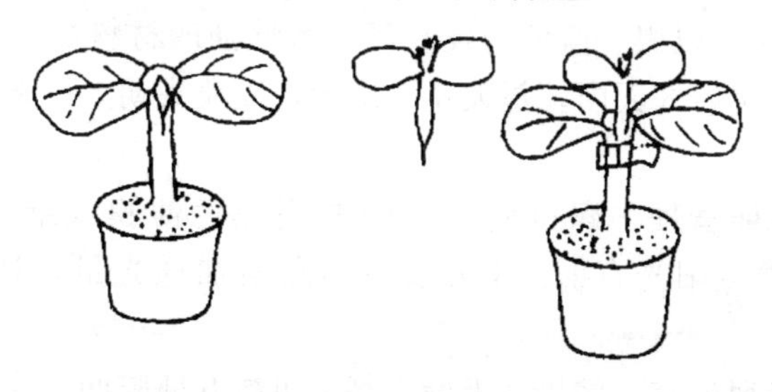

图 21　劈接示意图

提　示　板

甜瓜苗起出后一定要用湿毛巾包裹保湿，嫁接后要尽快放入小拱棚中，防止失水萎蔫。无论采用哪种嫁接方法，削接穗和砧木切口时，尽量一次削成，保证切面光滑无毛刺，同时要保持切口清洁，以利于伤口愈合。

54. 甜瓜嫁接后怎样管理?

自嫁接之日起，靠接苗经 8～10 天，插接苗经 10～12 天，即可断定成活与否。在此期间加强对嫁接苗的温度、湿度和光照等管理，对提高嫁接成活率具有决定性的作用。

(1) 温度管理 嫁接苗愈合的最适宜苗床温度为白天25℃左右，夜间15℃以上，地温20℃左右。应采用双层薄膜小拱棚覆盖，或采用电热温床，以便控制温度的升降。

(2) 湿度管理 嫁接前苗床浇透水，创造一个高湿环境，棚内空气相对湿度宜保持在90%以上，有条件的可用无纺布（丰收布，每平方米70克，以黑、蓝色为佳）等吸水性强的材料在喷水后内衬于棚膜下，嫁接后3天内，每天喷1次水，以喷头朝上，雾点自然下落为宜。

(3) 光照管理 嫁接后3天内要用黑色薄膜或纸被、遮阳网等遮光，避免阳光直射。3天以后逐渐增加透光量，10天后撤除遮光物。

(4) 通风换气 嫁接3天后，每天可揭开薄膜两头换气1～2次，5天后苗新叶开始生长，增加通风量，7～8天后基本成活，开始正常管理。

(5) 防病灭菌 嫁接苗在高温高湿和有伤口的情况下，极易感病。因此，在伤口愈合期内，可结合向苗床喷水保湿对嫁接苗喷洒百菌清、农用链霉素等杀菌剂防病灭菌。

(6) 除萌蘖 此外，嫁接成活要及时将砧木上萌发的侧芽除去，防止其与接穗争夺养分，影响接穗生长发育。

提　示　板

采用靠接法的嫁接苗，嫁接后7天左右，当接口已愈合时，要及时切断接穗根部，切断部位要尽量靠近接口，不要靠近地面，以免发生不定根形成自根苗而影响嫁接效果。嫁接苗定植不宜过深，以防接口接触地面受土壤中的病菌污染。同时，也可避免甜瓜茎基部发生不定根形成自根苗而影响嫁接效果。

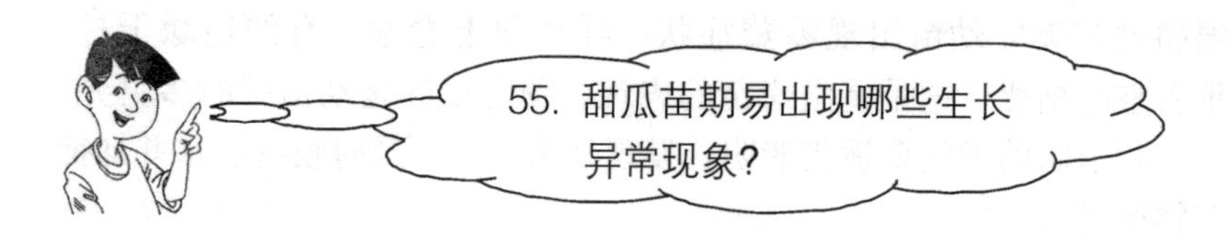

冬春生产的育苗期，环境条件非常不适合甜瓜生长。常常因管理不善，使幼苗生长异常。生产上常根据幼苗形态表现来判断产生这些情况的原因。

（1）徒长　在连续阴天、光照不足、夜温过高、水肥供应充足的条件下，幼苗易发生徒长。表现为茎秆细弱，节间长，子叶与真叶大而薄，颜色淡绿，叶片上举，下胚轴细而长。徒长苗根系弱，花芽分化质量差，难以早熟丰产。对徒长苗应及早分苗或疏散营养钵，扩大幼苗的受光面积。及时揭开覆盖物，增加光照。白天温度高，加强通风排湿，控制浇水，夜间适当降低前半夜温度。

（2）老化　幼苗长期处于低温、干旱的生长环境中，日历苗龄过长，生长发育受到抑制形成老化苗。表现为植株矮小，子叶与真叶较小，颜色黑绿，暗淡无光，下胚轴及茎基部节间短，生长迟缓。老化苗根系变黄，新根极少，定植后缓苗慢，植株长成后易早衰。预防措施是提高床温，最好使用温床育苗；水分管理要促控结合，防止过分干旱。

（3）缺肥　苗床温度和水分正常条件下，叶片小而黄，茎秆细弱，是缺肥症状。主要是由于配制营养土时加入肥料不足所致。对这种苗要及时补追速效氮肥，或喷施叶面肥。

（4）药害和肥害　床土中化肥用量过高，或为防止苗期病害，苗床喷药浓度过大，幼苗子叶瘦小，叶缘局部受害干枯，下胚轴粗短，并呈蒜头状，这是受肥害或药害的表现。此时应适当多浇水，减轻肥害或药害。

（5）烤苗　幼苗长期处于阴雪环境中，突遇曝晴天气，苗床内气温超过35℃，幼苗出现萎蔫症状，叶片向上卷起，有的边缘干枯，重者整叶枯死，这是高温烤苗的表现。预防措施是幼苗平时多见光，遇久阴乍晴的天气要适当遮阴，发现幼苗萎蔫，及时喷些温水并加覆盖物遮光。

(6) 闪苗 苗床内外温、湿度差异很大，突然进行大通风，床内温、湿度骤然下降，使幼苗叶片边缘迅速失水，致使细胞受害而干枯。表现为子叶边缘出现白边，或叶片边缘干枯，通风口处表现严重。这是通风过猛造成的，俗称“伤风苗”。预防办法是通风时要小心，不要等温度升得很高时再通风，上午苗床内气温达25℃时即应开始通风，通风口要开在背风面并逐渐由小到大。

提 示 板

甜瓜育苗期间发生的生长异常现象均由环境条件不适而引起，而非侵染性病害，不要盲目施肥打药，以求缓解症状、减轻危害。正确的方法是合理调控苗期的温、光、水、肥，避免或逐步缓解生长异常现象。

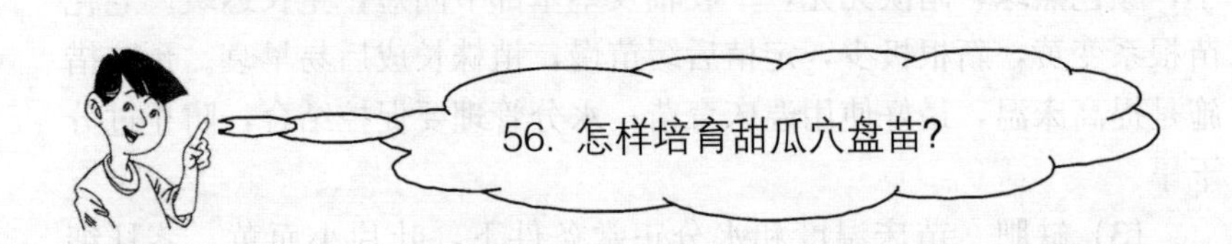

56. 怎样培育甜瓜穴盘苗?

穴盘育苗也叫工厂化育苗，是以不同规格的专用穴盘做容器，用草炭、蛭石等轻质无土材料作基质，通过精量播种生产线自动填装基质、精量播种（一穴一粒）、覆土、浇水，然后放在催芽室和温室等设施内进行培育，一次成苗的现代化育苗技术。甜瓜穴盘育苗的流程见图22。具体操作技术如下：

(1) 种子准备　为保证播种质量和出苗率，播种前要精选种子，选择整齐、无杂质、成熟度好、籽粒饱满的新种子。包衣种子可直接播种，未包衣种子可采用温汤浸种进行消毒，浸泡2～3小时后，稍晾干再播种。

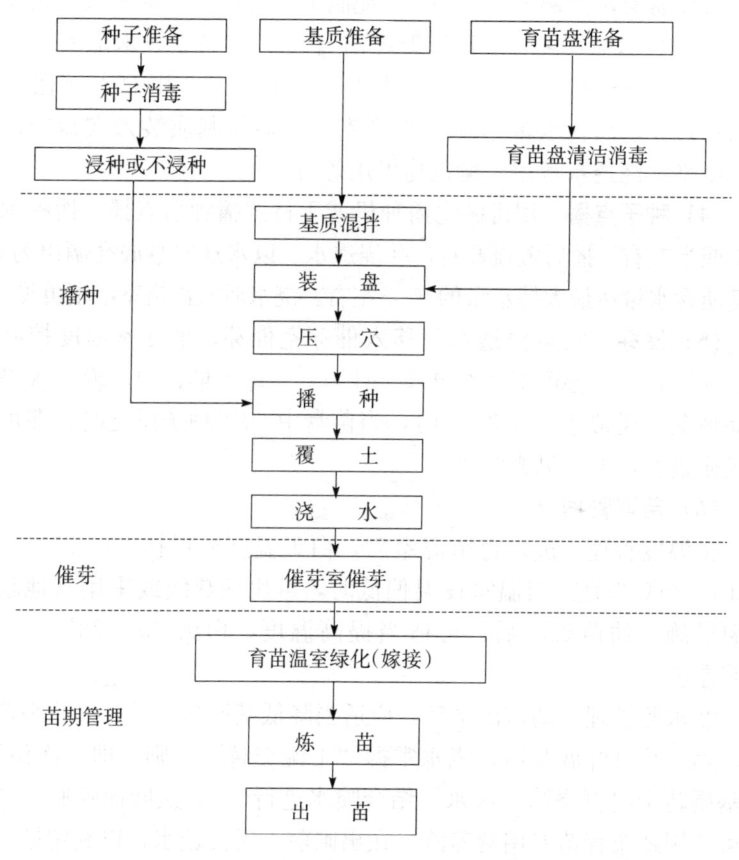

图22　穴盘育苗生产技术流程图

(2) 穴盘准备　甜瓜育苗宜采用72孔穴盘。使用过的穴盘可能会残留感染的病原菌、虫卵，所以一定要进行清洗、消毒。方法是先清除苗盘中的残留基质，用清水冲洗干净（比较顽固的附着物用刷子刷净）、晾干，并用多菌灵500倍液浸泡12小时或用高锰酸钾1 000倍液浸泡30分钟消毒，还可用甲醛溶液、漂白粉溶液进行消毒。消过毒的穴盘在使用前必须彻底洗净晾干。

(3) 基质准备 基质一般用草炭、蛭石，比例为2∶1，或草炭、蛭石、废菇渣，比例为1∶1∶1。配制基质时每立方米加入三元复合肥（N∶P∶K＝15∶15∶15）2～2.4千克，或每立方米加入1千克尿素和1千克磷酸二氢钾，肥料与基质混拌均匀，用50%多菌灵喷洒消毒，使基质含水量达到85%左右。然后将基质装入穴盘中，压实、刮平，浇透水备用。覆盖物可用蛭石。

(4) 种子点播 用机械化播种机或手持式播种器点播。播种深度为1厘米左右。播后覆盖蛭石，并浇透水，以水从穴盘底孔滴出为宜，使基质含水量达最大持水量的90%左右。浇水后穴盘格室清晰可见。

(5) 催芽 穴盘浇透水后移入催芽室催芽。催芽室温度控制在28～30℃，空气湿度保持在95%～100%。每天早、中、晚三次检查发芽情况。通常经24～36小时，当苗盘中60%种子拱土时，即可将苗盘搬进育苗温室见光绿化。

(6) 苗期管理

①温度管理。进入育苗温室后，白天温度要保持20～25℃，夜温18～20℃为宜。当温室夜温偏低时，可用地热线或采用其他临时加温措施。幼苗破心后，可适当提高温度，白天25～28℃，夜温20℃左右。

②水肥管理。幼苗出土后，应适当降低基质含水量，以防小苗徒长。第一片真叶展开后，浇水掌握“干湿交替”原则，即一次浇透，待基质转干时再浇第二次水。结合喷水进行2～3次叶面喷肥。叶面肥可选用蔬菜育苗专用营养液。在出圃前一天浇透水，以利定植时从盘中取苗，减少散坨。

③光照管理。育苗期间如果光照不足，可进行人工补光，以利于培育壮苗。补光的光源有很多，需要根据补光的目的来选择。从降低育苗成本角度考虑，一般选用荧光灯，每平方米50～150瓦。

④嫁接。穴盘育苗和常规育苗一样可培育嫁接苗，嫁接方法和接后管理可参照常规育苗。

⑤病虫害防治。穴盘育苗高度密集，管理上应做好温、湿度调控和通风换气，控制空气湿度不宜过大。如发生猝倒病，立即拔除病株，并喷施铜铵合剂400倍液防治；疫病、枯萎病等，可喷施甲基托布津600倍液防治。

(7) 出圃、包装和运输　管理好的幼苗30天左右即可出圃。种苗整齐度好，根系发达，根白净，并充满整个穴孔。植株健壮，茎叶无病斑、无病虫害，子叶健壮，叶色深绿，茎粗壮。起苗时轻轻拔出即可。如长途运输，可直接将苗盘装箱封闭运输。

提　示　板

穴盘育苗具有诸多优点：集中育苗，节省人力和能源；幼苗质量好，病虫害少；定植时不伤根，没有缓苗期；幼苗重量轻，基质保水能力强，根坨不易散，适宜远距离运输和机械化移栽。但是也应注意到，采用穴盘育苗需要建造温室、购买设备，一次性投入较高。同时，培育穴盘苗需要训练有素的专业技术人员，生产难度较大。

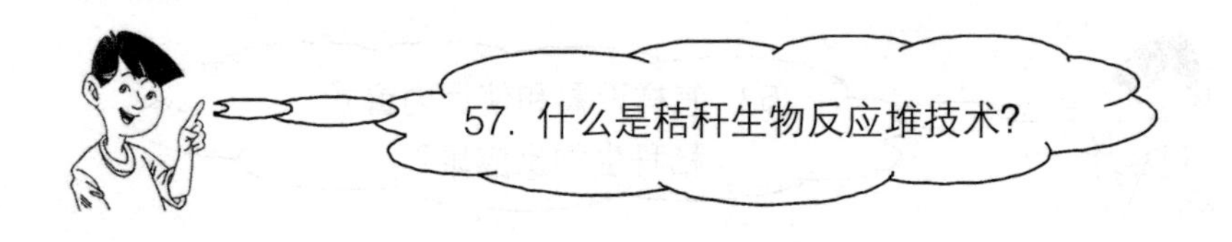

57. 什么是秸秆生物反应堆技术?

秸秆生物反应堆技术是使作物秸秆在微生物（纤维分解菌）的作用下发酵分解，产生二氧化碳、热量、抗病孢子、有机无机肥料来提高作物抗病性、产量和品质的一项新技术，目前正在蔬菜设施生产

中广泛推广应用。实践证明，秸秆生物反应堆在越冬茬黄瓜上应用，具有促进生长、增加产量、改善品质、提早成熟和增强抗病性等效果。

日光温室越冬茬蔬菜生产的突出问题主要是地温低、二氧化碳气体亏缺、土传病害严重及土壤性状变劣。而秸秆生物反应堆恰恰解决了这几个问题。首先作物秸秆在微生物的作用下发酵分解产生热量，能够提高土壤温度，同时微生物活动时产生大量二氧化碳，向蔬菜行间释放，大大缓解了日光温室由于保温密闭造成的二氧化碳气体亏缺。秸秆分解后形成有机质，有利于改善土壤结构，增强土壤肥力。同时，由于土壤中有益微生物的旺盛活动，有效抑制了有害微生物的繁殖，因此，减轻了根腐病等土传病害的发生。

提　示　板

秸秆生物反应堆分为外置反应堆（包括棚内和棚外两种形式）和内置反应堆（包括定植行下反应堆和定植行间反应堆）两种。外置反应堆无提高地温的作用，只起到补充二氧化碳的作用，适合春、夏和早秋大棚甜瓜栽培，内置反应堆适合日光温室甜瓜冬春栽培。

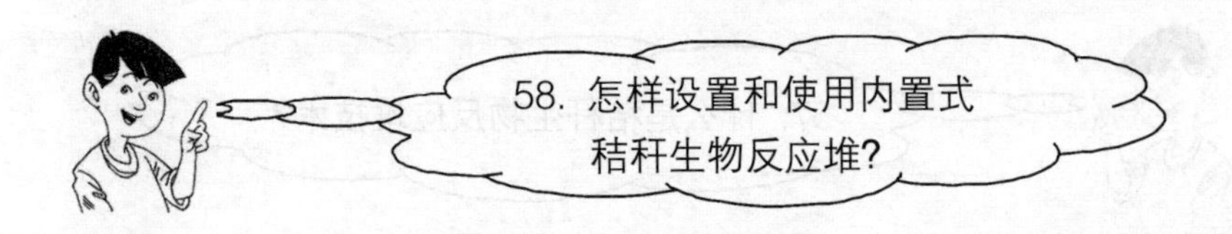

(1) 定植行下内置反应堆

①施肥备料。温室清园后，普施充分腐熟的有机肥作基肥，耕翻后整平，使粪土混合均匀。秸秆生物反应堆可促进养分分解，但不能取代施肥。建

造秸秆反应堆需要准备菌种、麦麸和秸秆三种反应物。其比例（重量比）为菌种：麦麸：秸秆＝1：20：500。通常每667米^{2}需要准备作物秸秆4 000～5 000千克，秸秆可以使用玉米秸、稻草、麦秸、稻糠、豆秸、花生秧、花生壳、谷秸、高粱秸、向日葵秸、树叶、杂草、糖渣、食用菌栽培后的菌糠等。目前市场上用于秸秆生物反应堆的菌种较多，如沃丰宝生物菌剂、圃园牌秸秆生物反应堆专用菌种等，每667米^{2}用量8～10千克，同时需准备麦麸160～200千克，为菌种繁殖活动提供养分。

②挖沟铺秸秆。在种植行下按照大小行的距离在定植行正下方开沟，沟宽70～80厘米，沟深20～25厘米，长度同定植行。挖出的土堆放在沟的两侧。沟挖好后将秸秆平铺到沟内，踏实、踩平，秸秆厚度30厘米左右，南北两端各露出10厘米，以利于散热、透气。

③撒菌种。菌种使用前必须进行预处理。方法是用1千克菌种和20千克麦麸干着拌匀，再用喷壶喷水，水量16千克。秋季和初冬（8～11月份）温度较高，菌种现拌现用，也可当天晚上拌好第2天用；晚冬和早春季节要提前3～5天拌好菌种备用。拌好的菌种一般摊薄10厘米存放，冬季注意防冻。麦麸也可用饼类、谷糠替代，但其数量应为麦麸的3倍，加水量应视不同用料的吸水量确定（以手轻握不滴水为宜）。施用菌种前先在秸秆上均匀撒施饼肥，用量为每667米^{2}100～200千克，然后再把处理好的菌种撒在秸秆上，并用铁锹轻拍使菌种渗漏至下层一部分。如不施饼肥，也可在菌种内拌入尿素，用量为1千克菌种加50克尿素，目的是调节碳氮比，促进微生物分解。

④定植打孔。将沟两边的土回填于秸秆上成垄，浇水湿透秸秆。2～3天后，找平起垄，秸秆上土层厚度保持20厘米左右。7天后在垄上按株行距定植，缓苗后覆地膜。最后按20厘米见方，用14号钢筋在定植行上打孔，孔深以穿透秸秆层为准。见图23。

（2）定植行间内置秸秆生物反应堆　一般小行高起垄（20厘

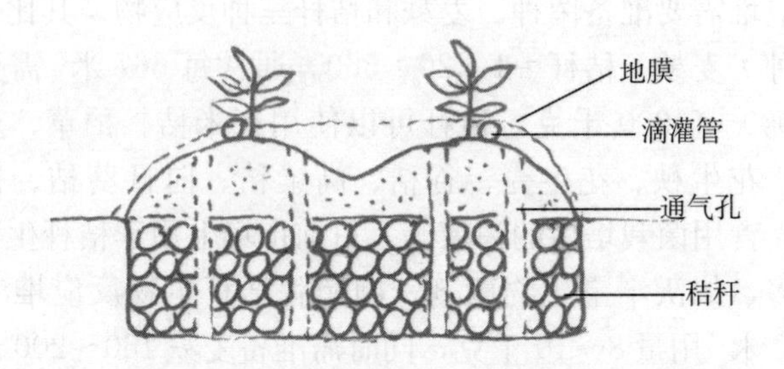

图 23　定植行下内置式生物反应堆示意图

米以上）定植。秸秆收获后在大行内开沟，距离植株 15 厘米，沟深15～20 厘米，长度与行长相等。沟铺放秸秆 20～25 厘米厚，两头露出秸秆 10 厘米，踏实找平。按每行用量撒接一层处理好的菌种，用铁锹拍振一遍，回填所起土壤，厚度 10 厘米左右，并将土整平，浇大水湿透秸秆。4 天后打孔，打孔要求在大行两边靠近作物处，每隔 20 厘米，用 14 号钢筋打一个孔，孔深以穿透秸秆层为准。菌种和秸秆用量可参照定植行下内置式生物反应堆。

行间内置式反应堆只浇第一次水，以后浇水在小行间按常规进行。管理人员走在大行间，也会踩压出二氧化碳，抬脚就能回进氧气，有利于反应堆效能的发挥。此种内置反应堆，应用时期长，田间管理更常规化，初次使用者更易于掌握。已经定植或初次应用反应堆技术种植者可以选择此种方式。也可以把它作为行下内置反应堆的一种补充措施。见图 24。

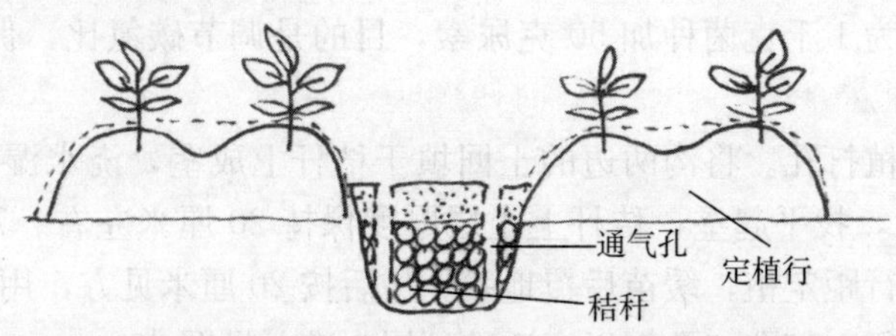

图 24　定植行间内置式生物反应堆示意图

提　示　板

应用内置式秸秆生物反应堆技术，在第一次浇水湿透秸秆的情况下，平时管理要减少浇水次数，且不能浇大水。每次浇水后，都必须重新打孔，以保证氧气的供应和二氧化碳的释放。反应前两个月，浇水时不能冲施化肥、农药，以避免降低反应堆菌种的活性。但叶面喷药不受限制。

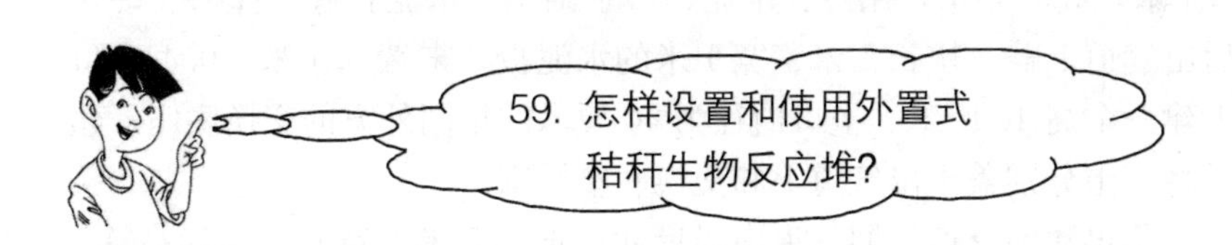

（1）应用方式的选择与物料准备

标准外置式反应堆：为了能一次建造数年使用，提高外置式反应堆的效能，在有电力供应的种植区最好采用此方式。建堆流程见前述。

简易外置式反应堆：只需挖沟，铺设厚农膜，摆放木棍、小水泥杆、竹片或细竹竿做隔离层，砖、水泥砌垒通气道和交换机底座即可投入使用。特点是投资小，建造快，但农膜易破损，反应液易渗漏，通气道易堵塞，使用期短，平均年成本高。

标准外置式秸秆、菌种和辅料的用量：越冬茬作物每亩大棚第 1 次用秸秆 1 500 千克、菌种 3 千克、麦麸 60 千克；第 2 、第 3 次用秸秆 2 000～2 500 千克、菌种 4～5 千克、麦麸 80～100 千克；第 4 次用秸秆 1 000千克、菌种 2 千克、麦麸 40 千克。这种标准用量可增产 50%以上。

（2）标准外置式反应堆的建造

①放线。在大棚山墙的内侧，离开山墙 80～100 厘米，南北两侧

各留出 80 厘米，于南北方向画一条长 6～7 米、宽 120～150 厘米的储气池灰线，接南北两侧东西灰线的中间各画一个长 50 厘米、宽 30 厘米回气道灰线，再从储气池灰线中间向棚内画一条长 150 厘米、宽 65 厘米的通气道灰线。

②挖沟。先挖出气道和回气道，后挖储气池。挖好的规格：出气道长 150 厘米×宽 65 厘米×深 50 厘米；回气道长 50 厘米×宽 30 厘米×深 30 厘米；储气池长 6～7 米×口宽 1.2～1.5 米（底宽 0.9～1.1 米）×深 1.2 米。挖土分放四周。

③先建出气道和交换机底座。出气道内径尺寸：长 1.4 米×宽 0.4 米×高 0.4 米，用砖、水泥、沙子砌垒，水泥打底、抹壁。硬化后出气道上盖一块长 1 米、宽 1 米的水泥板，末端 0.4 米×0.4 米口上建一个高 40 厘米、上口内径为 40 厘米的里圆外方的交换底座。建后将挖土分别盖于出气道上和交换底座周围。

④再建回气道。回气道内径尺寸：长 0.5 米×宽 0.2 米×高 0.2 米。单砖水泥砌垒或用管材替代，建后也将挖土回填道上。

⑤后建储气池。内径尺寸：长 6～7 米×深 1.2～1.5 米×上口宽 1.2～1.5 米（底宽 0.9～1.1 米）。先用砖、沙子和水泥砌垒沟四壁，沟上沿变为二四砖封顶，硬化后水泥抹面。最后用农膜铺底，膜上用沙子、水泥打底，待底硬化后在沟上沿每隔 24 厘米横排一根水泥杆（20 厘米宽、10 厘米厚），在水泥杆上每隔 5 厘米纵向固定一根竹竿或竹片，外置堆基础就建好了（图 25）。

图 25 修建储气池

⑥上料接种。一般在育苗或定植前3～5天，及时备好秸秆、麦麸和菌种。上料方法：每铺放秸秆40～50厘米，撒一层菌种，铺放3～4层，上料撒完菌种后，盖一层秸秆。上料后先不浇水盖膜，及时开机向堆中循环供氧，促进菌种萌发。经2～3天待菌种萌发黏住秸秆后，再淋水浇湿秸秆，水量以下部沟中有一半积水时停止淋水，盖膜保湿（盖膜不宜过严）。第2天揭开膜，从堆下储气池中抽液往堆上循环（菌种在水中因缺氧会死亡），连续循环3天，如池中水不足还要额外加水。最后把储气池中反应液全部抽出浇地或对3倍水喷施植株叶片，有显著增产作用。

⑦开机供气。开机前2～3天不挂气袋，以减少气袋中的湿度，此后再连接挂上气袋。外置反应堆进入正常使用管理，每隔6～7天向堆上补水1次。实践证明，从作物出苗至收获，任何阶段使用外置式反应堆均有增产作用，用的越早增产幅度越大（图26）。

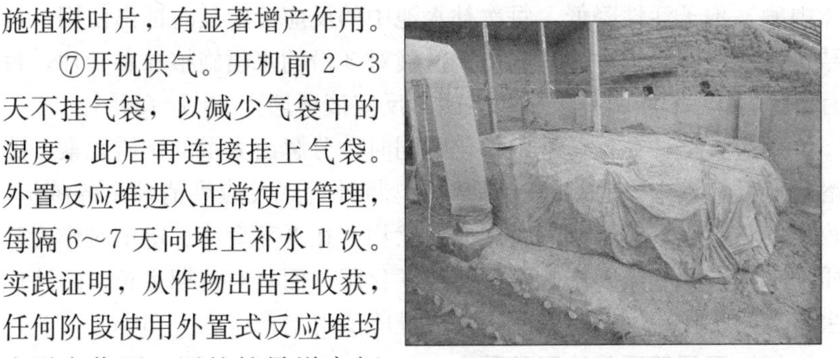

图26　外置式反应堆

(3) 外置式反应堆使用与管理　外置式反应堆使用与管理概括为："三补"和"三用"。

补水：水是反应堆反应的重要条件之一。除建堆加水外，以后每隔6～7天向反应堆补1次水。如不及时补水会降低反应堆的效能，致使反应堆中途停止。

补气：氧气是反应堆产生二氧化碳的先决条件。随着反应的进行，反应堆越来越实，通气状况越来越差，反应就越慢。因此，堆上盖膜不宜过严，靠山墙处留出10厘米宽的缝隙；每隔15～20天揭膜1次，用木棍或钢筋打孔通气，每平方米5～6个孔。

补料：外置反应堆一般使用50天左右，秸秆消耗在60%以上，应及时补充秸秆和菌种。补料前用直径10厘米尖头木棍打孔通气，再加秸秆和菌种，浇水湿透后盖膜。第1次补料秸秆1 200～1 500千克、菌种3～4千克；第2、第3次补料秸秆2 000～2 500千克、菌种4～5千克、麦麸80～100千克。一般越冬茬作物补料3次。

用气：上料加水当天要开机，作物生长期内不分阴天、晴天，坚持白天开机不间断。苗期每天开机5～6小时，开花期7～8小时，结果期每天10小时以上。研究表明：在充足二氧化碳供应下，可增产50%以上。尤其是11时至15时不停机，增产幅度更大。

用液：为使反应液不占用储气池的空间，多存二氧化碳，以防液体中酶、孢子活性降低，每次补水池中的反应液应及时抽出使用。可结合每次田间浇水冲施，或按1份液对3份的水喷施植株和叶片，每月3～4次，增产明显。试验表明，反应液可增产20%～25%。

用渣：秸秆在反应堆中转化的同时，分解出大量的矿质元素，除溶解于反应液中，也积留在陈渣中。将外置式反应堆清理出的陈渣，收集堆积起来，盖膜继续腐烂成粉状物，在下茬育苗、定植时作为基质配合疫苗穴施或普施，不仅替代了化肥，而且对苗期生长、防治病虫害有显著作用。试验表明，反应堆陈渣可增产15%～20%。

(4) 田间管理与注意事项

草帘管理：由于具有反应堆棚室的地温、棚温较高，为防止徒长和延长光合作用时间，与常规栽培相比，揭帘要早，百米能看清人时就拉草帘。盖帘要晚，晴天下午棚温降至17～18℃，阴天降至15～16℃时盖帘。

加强通风排湿：为提高光合作用，降低湿度，预防病虫害，应用反应堆的大棚，放风口应比常规开口时间早、开口大。一般棚温28℃时开始放风，风口要比常规的大1/4～1/3；温度降至24～26℃时关闭风口。

去老叶：对不同品种去老叶方法不同。甜瓜要保证瓜下有6～7片叶；番茄、甜瓜、辣椒等要保证果下有8片叶，多余叶片可打掉。每天打老叶的时间安排在日出后一个半小时，否则减产严重。

留果数量：应比常规多20%～30%。

病虫防治：应用该技术前3年的大棚，一般不见病不用药，外来虫害可用化学农药无公害防治。

阴雨天后草帘管理：连续阴雨后揭草帘时不要一次全部揭开，要遮花荫。

预防人为传播病虫害：防止人为传播线虫导致病害发生。每一个种植户管理大棚，棚内需要准备4～5双替换鞋和塑料袋，管理人员进出大棚要换鞋，参观人员进棚前鞋上要套塑料袋，以防带进线虫。

禁用激素：激素易使植物器官畸形，尤其是叶片畸形后气孔不能正常开闭，直接影响二氧化碳吸收、光合作用和产量的形成。

（5）适宜区域　全国秸秆资源丰富的地方都可应用该技术。

提　示　板

外置式秸秆应用效果：

生长表现：苗期：早发，生长快，主茎粗，节间短，叶片大而厚，开花早，病虫害少，抗御自然灾害能力强。中期：长势强壮，坐果率高，果实膨大快，个头大，畸形少，上市期提前10～15天。后期：越长越旺，连续结果能力强，收获期延长30～45天，果树晚落叶20天左右。重茬障碍、病虫害泛滥等问题得到解决，改变了过去一年好，二年平，三年连种就不行的难题。

产量表现：蔬菜不同品种一般增产50%以上。

品质表现：果实整齐度、商品率、色泽、含糖量、香味及香气质量显著提高；产品亚硝酸盐含量、农药残留量显著下降或消失，是一项典型的有机栽培技术。

投入产出比：温室瓜果菜类为1∶14～16；大拱棚瓜果菜类为1∶8～12；小拱棚瓜果菜为1∶5～8；露地栽培瓜菜为1∶4～5。

降低生产成本：温室每亩减少3 500～4 500元；大棚每亩减少1 500～2 500元；小拱棚每亩减少500～1 000元。

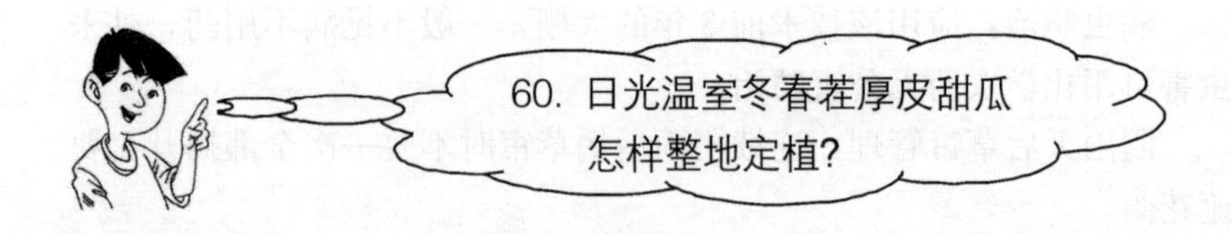

(1) 温室消毒 为防止病害侵染，最好选用3～5年内未种过瓜类作物的温室栽培甜瓜。定植前15天清除温室内前茬作物的病残体和杂草，对温室空间和土壤进行彻底消毒，减少病源、虫源。

(2) 整地施基肥 将土壤深翻两遍，根据土壤肥力的高低，每667米^{2}施入优质农家肥5 000～8 000千克，过磷酸钙40～50千克，硫酸钾20千克作基肥。肥料最好分层施用，农家肥的营养释放缓慢，应深施，待甜瓜生长到中后期，根系扩展后，再发挥作用。通常将农家肥的2/3开沟深施于地面下20～30厘米土层中，余下的1/3与化肥配合施入0～20厘米土层中，为甜瓜生育前期提供营养。此外，结合施基肥，每667米^{2}施入镁肥3～5千克，硼锌等微肥2～3千克，可改善果实品质，预防缺素症。

(3) 作畦 温室内栽培甜瓜宜采用大小垄，地膜覆盖和膜下暗灌的方式。首先从温室一端开始按小行距50厘米、大行距80厘米的沟距开施肥用深沟，在沟底撒施农家肥，底肥填至沟口边缘时再盖一层土，填平后踩实。再在上面撒施化肥，然后在两条小垄沟中央用镐刨出一条深15厘米左右的浅沟，同时在已填满底肥的沟上合成两条垄距50厘米的小垄，垄高15～20厘米。

(4) 定植 冬春茬甜瓜的定植期一般为1月下旬至2月上旬，早的可在12月下旬。定植时选择冷尾暖头的天气，在晴天的上午定植，并力争在下午3点前定植完毕，因为此期温室内的气温和地温都比较高，利于定植后缓苗。定植株距为大果型甜瓜50厘米，小果型甜瓜40厘米，在垄台上交错开定植穴，穴内浇足定植水，尽量保持苗坨不散，待水渗下后封掩，表层最好覆以细

土以保湿防板结。定植深度以刚埋住苗坨上表面为准，不宜栽得过深或过浅。定植后将垄台用小木板刮平。每 667 米^2 保苗 1 800～2 000 株。

(5) 地膜覆盖 定植后在行距 50 厘米的两小行上覆地膜。覆膜时选用 90～100 厘米幅宽的地膜卷，在垄的北端用两个倒放的方木凳将地膜卷架起来，由两个人从垄的两侧把地膜同时拉向温室前底脚，并埋入垄南端土中，返回来在垄的北端把地膜割断也埋入土中。最后在每株秧苗处开纵口，把秧苗引出膜外。

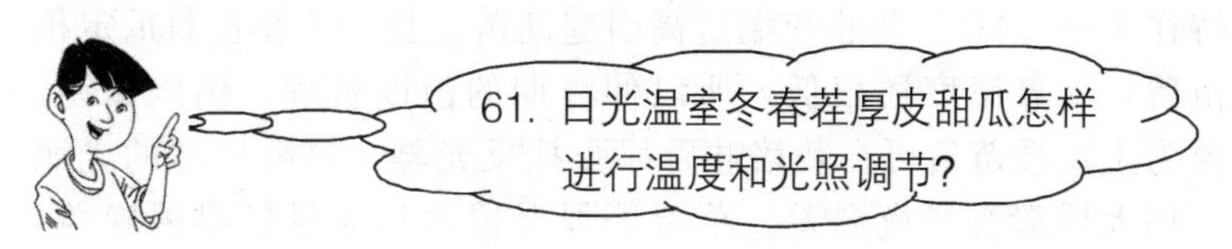

甜瓜对温度要求较高，温度下降到 13℃时生长缓慢，10℃时完全停止生长，8℃以下就会产生冻害，出现叶肉失绿变色等现象。甜瓜是喜强光照作物，光照充足，植株生长健壮，茎粗叶厚，节间短，叶色深，病害少，果实品质好，着色佳；光照不足的情况下，植株的生长发育受到抑制，植株瘦弱，易徒长，易染病害，果实品质差。甜瓜冬春茬栽培正处于温室内温度最低、光照最弱的时期，所以在管理过程中，应以保温、增光为重点。

(1) 缓苗期 定植后 6～10 天是缓苗期，此时应密闭保温保湿，尽量提高室内温度，创造高温高湿的条件以促进缓苗。白天温度应保持在 26～30℃，下午室内温度降至 18～22℃时要放下草苫保温。前半夜温度保持在 18～20℃，早晨揭苫时温度不低于 10℃，地温应稳定在 15℃以上。可通过定植后温室内加设小拱棚、小拱棚夜间覆盖纸被等来提高温湿度。白天将小拱棚上的不透明覆盖物揭掉，尽量使小苗多见光。如遇阴雪天气，要及时打扫棚膜上的积雪，在保证棚温的情况下，应尽量揭开草苫见光，阴天光线虽弱，但仍可使棚室内白天温度达到20～25℃。久阴乍晴时不要突然全部揭帘，要先揭花帘，然后陆续全部揭开，否则突遇强光会使幼苗失水萎蔫。

（2）**伸蔓期** 当瓜苗心叶开始生长时，表明已缓苗。这时为使瓜秧健壮，缩短节间，促进花芽分化，可适当降温蹲苗。要逐渐撤掉白天覆盖的小拱棚，温度保持在25～28℃，中午温度超过30℃，要适当通风，温度降到22～25℃时闭棚升温，午后温室内温度降到18～20℃时再将小拱棚盖严，同时放下草苫保温，夜温保持在15～20℃，防止夜温过高引起幼苗徒长。冬春茬甜瓜定植缓苗后，外界温度还很低，所以伸蔓期的温度管理，仍以增温、保温为主。缓苗后可在栽培畦后部张挂反光幕，提高后部的光照度，加大后部的昼夜温差。草苫等保温覆盖物应尽量早揭晚盖，延长光照时间。

（3）**结果期** 从雌花开放、幼果膨大到采收为结果期，此期甜瓜对温度和光照的要求极为严格，既需要较高的温度和较大的昼夜温差，又要求较强的光照条件。开花坐果期的最适温为25℃左右，高于35℃和低于15℃都影响甜瓜的坐果率。此时正值初春季节，如遇低温寡照天气，要设法临时加温、补光，保证甜瓜坐果的适宜温光条件。果实膨大期白天温度要保持在27～35℃，不超过35℃不放风，前半夜温度16～20℃，早晨揭苫前温度要在12℃左右，地温最好保持20℃以上，总体平均温度较平时高2℃左右。草苫要早揭晚盖，每天清洁屋面棚膜，争取多透入阳光。

提 示 板

网纹甜瓜品种与无网纹品种相比，生长发育所要求的温度高，管理时可采取温度上限。

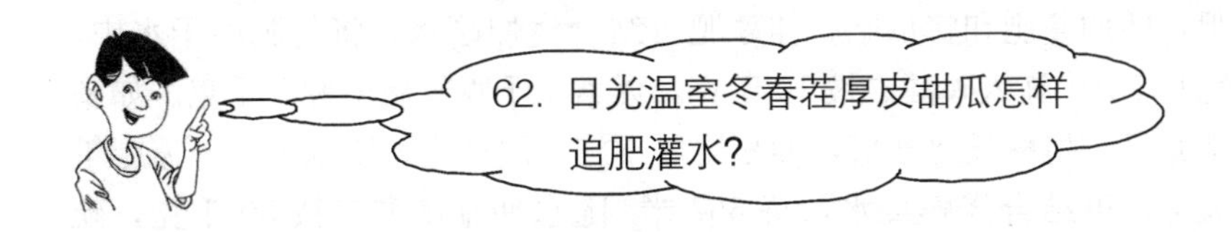

(1) 水分管理 甜瓜需水量较大又忌多湿，所以灌水应视甜瓜的发育状况、土壤湿度和天气而定，一般分为缓苗水、伸蔓水和膨瓜水。总体原则是保证水分均衡供应，防止土壤干、湿骤变。

①缓苗期。定植时为防地温降低，采用穴内浇水，土壤墒情可能不好，缓苗时如发现土壤水分不足，可浇一次缓苗水，浇水时把垄端地膜揭开，向两条小垄间的暗沟中灌水，水量不宜过大，以半沟水为适度。如定植水充足，缓苗后土壤不缺水，可省去这一水。

②伸蔓期。甜瓜缓苗后根系的吸肥、吸水能力增强，因此，植株开始生长时浇一次伸蔓水，促进植株迅速生长。仍采用膜下暗灌，水量要适当，既要保证整个伸蔓期的用水量，避免开花坐果期土壤干旱，引起落花落果。又要防止水分过多使茎叶疯长，影响开花结果。

③结果期。开花坐果期应避免浇水，使雌花充实饱满。坐果后7～20天为果实膨大最快的时期，也是水分管理的关键时期。此期需水量大，可每10天浇一次小水，整个结瓜期共浇2～4次。尤其保水力差的土壤更要充分灌水，以促进果实膨大。果实接近成熟时（采收前10天），要节制水分，保持适当的干燥，以利于糖分的积累。此时如果土壤含水分过高，则糖分降低，成熟期延后，果实易裂。

浇水时宜选择晴天早晨或下午进行，晚上放草苫前畦沟内的水一定要排干。浇水时忌大水漫灌，不要浸过畦面，不要让植株根颈部浸到水。

(2) 追肥管理 甜瓜从定植后半个月开始，到采收前半个月，这一阶段养分吸收量迅速增加。可根据基肥施用量和植株长势分两次施肥，即伸蔓肥和膨瓜肥。伸蔓肥可结合浇伸蔓水，将化肥溶于水中，每 667 米^2 施入磷酸二铵 10 千克，尿素 1 千克及硫酸钾 5 千克。如基肥充足，植株长势旺盛，伸蔓肥可不施。甜瓜进入膨瓜期后，需肥量大增，可结合浇膨瓜水，每 667 米^2 随水冲施磷酸二铵 30 千克，硫酸钾 15 千克，硫酸镁 5 千克。避免在果实膨大后期施用速效氮肥，以免降低含糖量，延迟成熟，影响果实品质。此外，可结合病虫害防治进行叶面追肥，叶面肥主要用含磷、钾丰富的磷酸二氢钾、钾宝、宝力丰等，每 15～20 天喷一次。值得注意的是甜瓜为忌氯作物，因此，禁止使用氯化钾、氯化铵等含氯离子的化肥。

提　示　板

对于网纹甜瓜品种来说，开花后 14~20 天进入果实硬化期，果面开始有裂纹并逐渐形成网纹，如果网纹形成初期水分过多，容易发生较粗的裂纹，则网纹不美。因此，宜在网纹形成前 7 天左右减少供水量，以促进果实肥大及网纹完美。但如果土壤太干，则果面的网纹很细且不完全，外形也不美观。愈接近成熟，供水量应随之减少，保持适度的干燥，如此管理，则品质与网纹均佳。

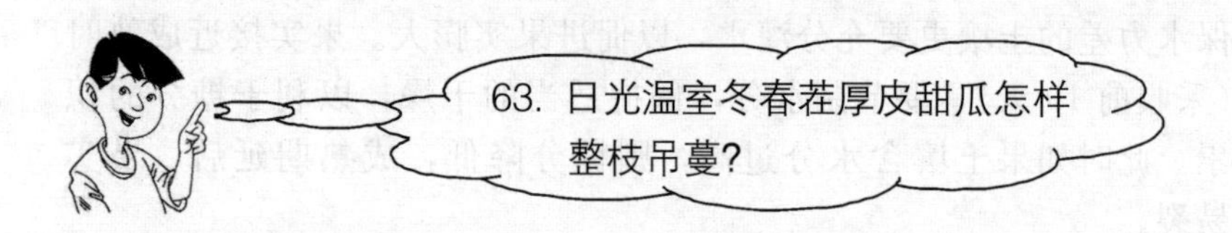

日光温室冬春茬甜瓜多行直立栽培，当幼苗长出 6～7 片叶时，需及时用尼龙绳吊蔓。具体做法是在定植甜瓜的垄上端，南北拉一道细铁丝，把吊绳上端固定在铁丝上，下端系竹棍插入土中。

同时将瓜蔓引到吊绳上。双蔓整枝则每棵秧系两根吊绳，使两条蔓分成V形。甜瓜秧比较脆，所以在操作过程中要尽量避免扭伤或碰到瓜秧基部。随瓜蔓的伸长，不断顺时针将瓜蔓缠绕到吊绳上，并注意理蔓，使叶片、果实等在空间合理分布。同时摘除卷须，防止养分空耗。

坐果以后应将雌、雄花摘除。随着植株生长要摘除子叶和茎部老叶，以利地表通风，节省养分，减少养分消耗。一般当主蔓6～7节时，摘除子叶和第一片真叶；主蔓10节时，摘除第二和第三片真叶。基部的老叶先后摘除3～5片，使最下部的叶片与地面有15厘米左右的距离，这样可以降低近地表的空气湿度，防止病害的发生和传播。

甜瓜茎蔓分枝性很强，在主蔓上可以长子蔓，子蔓上又可长出孙蔓。甜瓜多以子蔓和孙蔓结瓜为主，雌花在主蔓上发生很晚，主蔓基部的子蔓上发生雌花也很晚。如不及时进行整枝摘心，营养生长过于旺盛，消耗养分过多，将会影响开花、结果，延迟坐果期和成熟期。棚室内空间小，栽培密度大，为充分利用温室空间，获得理想的单果重量和优良品质，必须实行严格的整枝。甜瓜整枝方式很多，应结合品种特点、栽培方法、土壤肥力、留瓜多少而定。直立栽培常用的是单蔓和双蔓整枝。

(1) 单蔓整枝　单蔓整枝相对易操作，好管理，果实品质较佳，厚皮甜瓜的早熟栽培多采用这种方式。主蔓长至25～30节摘心，基部子蔓长到4～5厘米摘除，在11～15节上留3条健壮子蔓作结果预备蔓，结果蔓在雌花前留2片叶摘心。在主蔓的22～25节选留2～3条子蔓5叶时摘心，作为二茬果结果蔓，两茬结果蔓之间的子蔓全部摘除，如图27。原则上主蔓留果节位以上至少要有10片以

图27　甜瓜单蔓整枝示意图

上叶片。结果蔓上的腋芽（孙蔓）亦应摘除。

（2）双蔓整枝 幼苗3～4片叶摘心，当子蔓长到15厘米左右，选留两条健壮子蔓，分别引向两根吊绳，其余子蔓全部摘除。之后在每条子蔓中部10～13节处选留3条孙蔓作结果蔓，每条结果蔓于雌花开放前在花前留2片叶摘心。最后，每个子蔓留一个瓜，子蔓20～25节左右摘心，每株保留功能叶片20片左右，如图28。

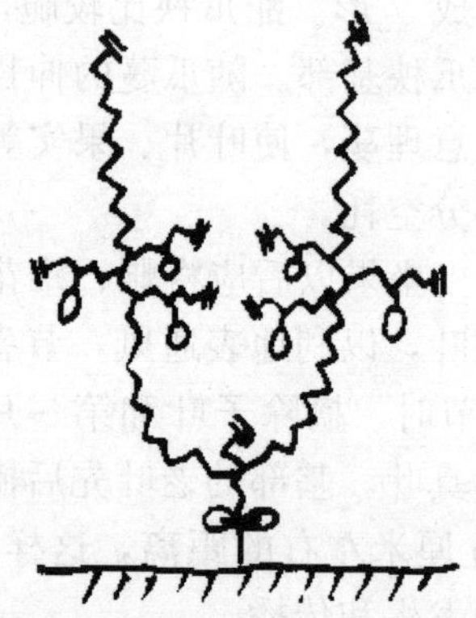
图28 甜瓜双蔓整枝示意图

对于吊蔓栽培的甜瓜，主蔓摘心可不考虑叶片数而保留一致的高度一齐打尖。摘心打尖应在叶片展开前进行，否则留下的伤口过大。例如预定在25节摘心时，可在21节叶片展开时，保留4片未展开的叶片打尖。结果后主蔓基部的老叶要摘掉3～5片，以利通风。适时摘除侧芽，一般侧枝长到4～5厘米时摘除，摘除过早植株光合面积不够，易发生早衰；摘除过晚不但消耗过多养分，而且留下的伤口大，病菌容易侵入。整枝要在晴天下午进行。阴雨天或晴天的早上由于棚内湿度大，茎蔓伤口不易愈合，每次整枝后应喷药防病。

提 示 板

甜瓜整枝宜采用前紧后松的原则，即坐瓜前后，严格进行整枝打杈，对预留的结果蔓在雌花开放前3~5天，在花前保留2片叶进行摘心。而瓜胎坐住后，在不跑秧的情况下，不再进行整枝，任其生长，以保证有较大的光合面积，增强光合作用，促进瓜胎膨大。

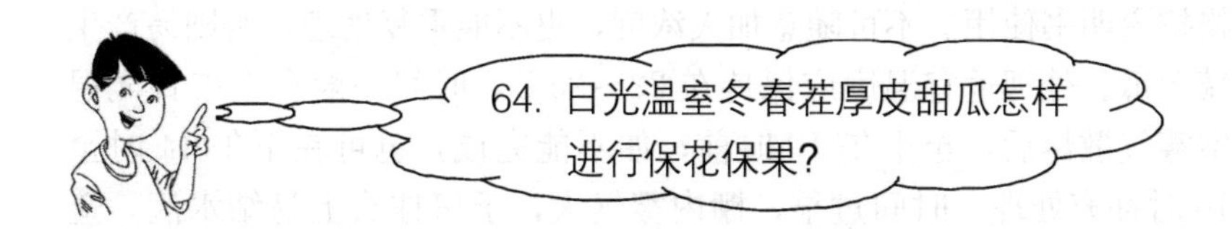

甜瓜为雌雄同株异花植物，雄花单性，大部分品种的雌花为雌型两性花，能自交结实。雌花在清晨开放，遇雨水及低温延迟开放。最佳授粉时间一般在上午8～10时，适宜温度是20～25℃。日光温室冬春茬栽培因棚内湿度大，加之无昆虫传粉，自然坐果率很低，需进行保花保果处理来提高结实率。

（1）人工授粉　结实花（雌花）开放当天上午9～11时，棚内气温在20℃以上时，用柔软干燥毛笔在雌花花器内轻轻搅动几下即可。也可选择当天新开的雄花，确认已开始散粉，将雄花连同花柄摘下，注意动作要轻，以防振落花粉，之后摘掉雄花花冠，露出雄蕊，把雄蕊放到留瓜节位刚开的雌花柱头上轻轻摩擦几下，使柱头均匀着粉，即完成了授粉过程。甜瓜果实比较大，授粉量要充足，授粉不足易形成畸形果，同时，瓜膨大的速度也较慢，品质不好。通常，一朵雄花只为一朵雌花授粉，若雄花少，一朵雄花可给2～3朵雌花授粉。授粉后用标牌或不同颜色的毛线标记授粉日期，以便计算果实成熟期。

（2）放蜂授粉　有条件的最好要用花期放蜂的办法进行辅助授粉。每个温室放置一箱蜂，每朵雌花蜜蜂访问10～15次才能保证充分授粉。冬春茬甜瓜开花期正值低温季节，蜜蜂不出巢，因而授粉效果不好。因此可采用熊蜂授粉。熊蜂是一种优良的授粉蜂，较耐低温，温度达8℃以上即可出巢授粉，即使在冬季连阴天、雨雪天也能授粉。

（3）生长调节剂处理　甜瓜的授粉期如果赶上阴天，或前半夜夜温低于15℃，常常会造成授粉受精不良，出现落花落果现象。在这种情况下要用生长调节剂喷花或涂抹果柄，常用生长调节剂有坐瓜灵

（吡效隆）、番茄灵（防落素）。由于不同厂家生产的浓度不同，应严格按说明书使用。不可随意加大浓度，更不能重复处理，否则易产生畸形瓜。处理适宜温度应保持在 22～25℃，时间一般在上午日光温室雾气散尽后，至上午 10 时前；如不能完成，也可在下午 14 时至 16 时补充处理。时间过早，棚内雾气大，子房柱头上易结水滴，造成药液不均，引起畸形瓜。

提　示　板

药液浓度大小随棚温变化而相应增减，棚温高，配制药液时要适当减小浓度，因为温度升高后，水分蒸发量大，停留在柱头上的药液的有效含量会增加，所以当中午棚温超过 30℃时，就应该停止药剂处理。另外，药液要随配随用，随温度变化增减药液含量。

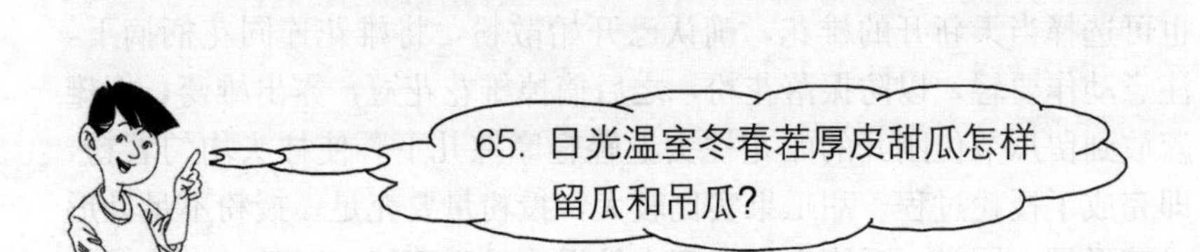

（1）留瓜节位　目前冬春茬生产上常用的有单层留瓜和双层留瓜两种留瓜方式。大果型品种多用单层留瓜，留瓜节位一般在主蔓的 11～15 节，且只留 1 个瓜；小果型品种可留双层瓜，在主蔓的 11～15 节、20～25 节各留一层瓜，每层可留 2 个瓜。甜瓜雌花在子蔓上的着生节位比较低，通常子蔓第一节就可见雌花，甜瓜子蔓第一雌花形成时，植株营养体还比较小，发育还不充分，影响雌花养分积累，对日后果实发育不利，一般不宜选作结瓜雌花，在萌芽期就应将其抹掉。但为防止因授粉受精不良出现的畸形瓜和化瓜现象，以及人为控制花期茎

蔓徒长，一般多留出1～2个雌花，授粉后任其膨大，之后再统一选留。生产上选留子蔓2节以后雌花或孙蔓雌花留瓜。每层留2个瓜的品种，选留的瓜最好在两条子蔓或孙蔓相同节位上，使果实生长均匀一致。单蔓整枝的若1株要留2个瓜时，应留在主蔓上相邻的两个节位的子蔓上，而且位于主蔓左右两侧，这样可防止留的瓜长成一大一小。

（2）留瓜标准　甜瓜植株授粉后5～10天，当幼果如鸡蛋大小时，选择果形端正、颜色鲜嫩、果柄较粗、果脐小、稍长的椭圆形的幼果保留，形状太圆的果实，以后膨大较差，而形状太长的果实，则一直到收获时仍然是长椭圆形。选留幼瓜应分次进行，在选留瓜前几天，要进行1～2次疏瓜，把相比不够好的幼瓜及早疏去，以减少消耗植株养分，促进被选留幼瓜生长发育。每条结果蔓上只留一果，顺便去掉花痕部之花瓣，以防病菌从此处侵入，其他果实及时摘除。

（3）吊瓜方法　为减轻茎蔓负荷，使植株茎叶与果实在空间合理分布，当幼瓜长至200克左右开始吊瓜。用撕裂膜或小铁钩吊住果柄靠近果实部位，将瓜吊到架杆或温室骨架上，也可用塑料网兜将瓜套住，用吊绳将网兜吊于棚架上。吊瓜的高度应尽量一致，以便于管理。同时调整茎叶分布，使果面受光多，保证颜色均匀一致。

提　示　板

留瓜节位的高低，直接影响果实的大小、产量、品质和成熟期。留瓜节位低，结瓜节位之下部分叶数少，果实发育前期养分供应不足，果实纵向生长受到限制，而发育后期果实膨大较快，易形成小而扁平的果实；若植株营养体还小时坐瓜，则发生坠秧现象，严重影响产量和品质。反之，如果坐瓜节位过高，则瓜以下叶片多，瓜以上叶片少，虽有利于初期纵向生长，但后期果实膨大则因营养供应不足而缓慢，甚至发育不良，形成长形果实。

66. 日光温室秋冬茬厚皮甜瓜怎样进行田间管理?

（1）温度管理　日光温室秋冬茬甜瓜生育前期处于高温强光季节，经历一段短时间的适温期后，又进入低温弱光期，不利于甜瓜的生长发育。因此，该茬甜瓜温度管理的重点是前期加强通风、降温，后期注意及时覆膜盖苫保温。

秋冬茬栽培时，上茬的旧膜先不撤掉，以便于遮阴防雨，棚膜的各放风口都打开，昼夜通风降温。下雨前应把薄膜盖好，防止雨水进入温室引发病害。9月下旬天气转凉时再换上新棚膜，夜间应将所有风口闭严。10月上旬，当夜间棚温达不到15℃时，要及时准备好草苫，当夜间温度较高时，只盖部分草苫，防止夜间棚温超过20℃；夜间棚温达不到13℃时，应将草苫全部盖好。进入11月份，天气转凉，时有寒流侵袭，应注意加强覆盖，防止甜瓜受寒害和冻害，夜间棚温不可低于5℃。生长后期虽处于低温期，但不可连续多日密闭大棚不通风，中午前后，要适当通风，以促进棚内外气体的交换，降低棚内湿度，减轻病害的发生。

（2）光照调节　秋季栽培越到后期日照时数越短，而果实膨大期对光照要求严格，所以应采取措施，如在后墙挂反光幕，及时清扫塑料膜表面的灰尘、碎草等。如果晴天，尽量早揭晚盖草苫，连阴天时，只要棚内温度不很低，仍要揭开草苫，以增加散射光照射。

（3）水肥管理　甜瓜伸蔓期棚内温度偏高，植株生长迅速而旺盛，结合浇水每667米^{2}追施尿素10千克，浇水后加强放风排湿。果实坐住后，结合浇膨瓜水每667米^{2}追施复合肥20～25千克，并进行叶面追肥以促进果实膨大。

（4）植株调整　秋冬茬栽培整枝留果方式与春季栽培基本一致，只是由于当时气温比较高，留果节位较春季稍低，在 8～12 节留果。为提高坐果率和促进果实尽快膨大，仍需进行人工授粉。

（5）果实套袋　在光照较强的条件下，很多白色、黄色品种果皮易变绿，可采取套袋措施。一般在果实鸡蛋大小时，进行第一次套袋，用报纸作材料。网纹开始形成时，换用白色牛皮纸袋套袋。收获前 7～10 天去袋，去袋以阴天或傍晚为宜。

提　示　板

日光温室秋延迟栽培厚皮甜瓜，在温室内温度、光照等条件尚不至于使果实受冷害的前提下，可适当晚采收，以推迟上市时间，获得好的效益。因为此时天气较冷，温室内温度不高，瓜的成熟和后熟速度缓慢，成熟瓜在秧上延迟数天采收，一般不会影响品质。

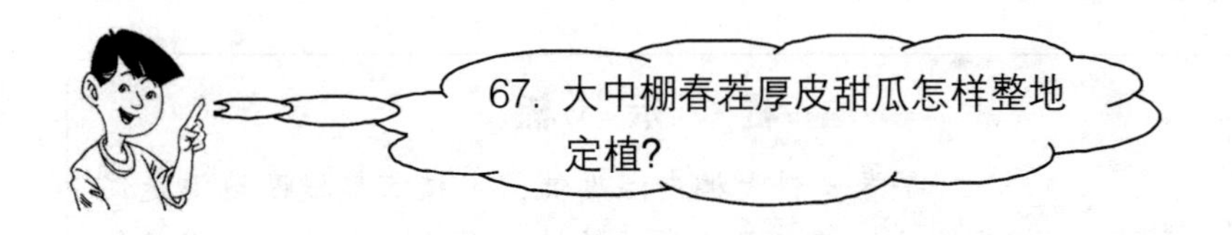

（1）扣棚暖地　为提高地温，可在定植前 1 个月扣棚暖地，有条件的最好扣越冬棚。棚内土壤化冻后，进行深翻、整地、施基肥。如果土壤墒情不好，可在此时灌一次提墒水，水浇足即可，不可大水漫灌，否则地温会很长时间内上不来，不利于定植后缓苗。

（2）整地施基肥　在头年深翻的基础上再深翻 20～30 厘米，结合整地每 667 米^2 施腐熟优质农家肥 5 000～7 500 千克，2/3 翻地前撒施，并要倒翻一遍，使土壤和肥料充分混匀。1/3 做畦前用于沟施。

(3) 做畦 大中棚栽培甜瓜，可在棚内按南北向做45～50厘米宽的大垄，垄距60～70厘米，垄上单行定植。南北向的大垄不宜做得过长，一般8～10米一段，否则灌水时容易造成水量不均。也可东西向做垄，在大棚中间南北向留80～100厘米宽的水道兼作作业通道，两边对称做4～4.5米长的高垄，既可作双垄也可作单垄，双垄作大行距80厘米、小行距50厘米，单垄作行距60～70厘米。定植前1周覆盖地膜，以利于提高地温，促进定植后缓苗。

(4) 定植时期、方法和密度 大中棚春早熟甜瓜的定植期在3月中旬至4月下旬。定植时注意收听天气预报，如未来几天内有寒流通过，不要为抢早定植。一定要等寒流天气过后再定植。实践证明，定植期间遇低温寡照天气的瓜苗，缓苗极慢，生长速度往往不如低温过后晚定植的瓜苗。定植按株距40～50厘米在垄上开定植穴，穴内浇少量水，水渗下后栽苗，每667米^{2}可栽植2 200～2 500株。为促进缓苗，定植后可加设小拱棚增温保湿。

提 示 板

早春塑料大棚内温度低，定植前期提高地温是促进缓苗和确保成活率的关键。因此，定植前应提前扣棚膜和地膜以提高地温。定植时为防止地温降低过多，只浇少量定植水。以后随着外界温度的升高，可逐渐增加浇水量。

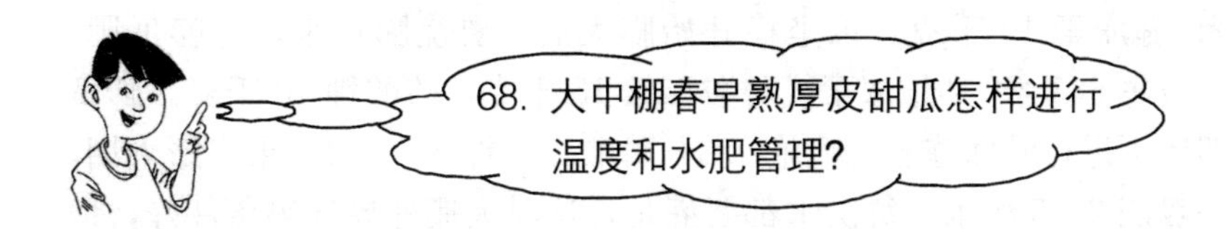

68. 大中棚春早熟厚皮甜瓜怎样进行温度和水肥管理?

（1）温度管理　定植后盖上小拱棚闭棚升温，全面提温促缓苗。为防夜温下降太快，可在大棚的底脚四周围一圈草苫子保温。缓苗后，白天逐渐撤掉小拱棚，让瓜苗见光，夜间再盖好。等进入4～5月份，气候条件开始好转了，再全部撤掉小拱棚。缓苗后，为防瓜秧徒长，要适当放风降温。一般温度上升到28℃时开始放风，开始通风时，通风口小一些，以通风后棚温不明显下降为宜。随着棚温的持续升高，逐渐加大通风口，直至温度稳定在28～30℃，下午棚温降到20℃后闭风保温。如果外界气候条件允许，上午9时就要通风换气，补充二氧化碳气体，促进光合作用。甜瓜全天70%的光合产物，都是在上午制造的，如果此时不能满足光合作用所需的光照和二氧化碳浓度，会严重影响生育过程。

4～5月份正值甜瓜开花坐果期，要加强放风管理，降温控水防止化瓜。大棚内上午温度保持在25～28℃，不要超过32℃，下午棚内18～20℃时闭风，前半夜夜温控制在15～17℃。加大昼夜温差，严防徒长。随着外界温度的升高，大棚内温度条件完全可以满足甜瓜生长的需要，当夜间最低气温稳定在13℃以上时，可昼夜通风。同时为加强中午通风，大棚南北面都要开门，放对流风。如有必要，可往棚膜上甩泥浆遮阴。为准确测量温度，温度计悬挂时尽量不要让阳光直射，高度以距植株顶部30～50厘米为宜。

（2）水肥管理　缓苗后，根据温度状况，浇适量缓苗水。如果底肥充足，土壤也不是太旱，直到坐瓜时不要再灌水，适当蹲苗，促进瓜秧根系下扎。如底肥不足，应在瓜秧伸蔓前追一次催蔓肥，每667

米^{2}施尿素10千克。瓜坐稳开始膨大后，要浇膨瓜水，施膨瓜肥，一般每667米^{2}冲施尿素或磷酸二铵15千克，硫酸钾10千克。膨瓜期还可进行叶面施肥，喷施0.3%磷酸二氢钾3～4次。果实膨大期，一般浇2～3次水，每次水都要灌足，这时大棚外界气候条件好，地温比较稳定，不用担心地温下降过快。浇水时最好采用膜下暗灌，大水漫灌不只降低地温，还很容易加快土传病害传播速度，生产上不提倡使用。甜瓜定个后，停止施肥，适当控水，促进果实成熟。

提　示　板

甜瓜是喜钾作物，增施钾肥能够提高果实含糖量。甜瓜采收前5~7天为促进糖分转化，提高品质，要停止灌水，促进果实成熟。

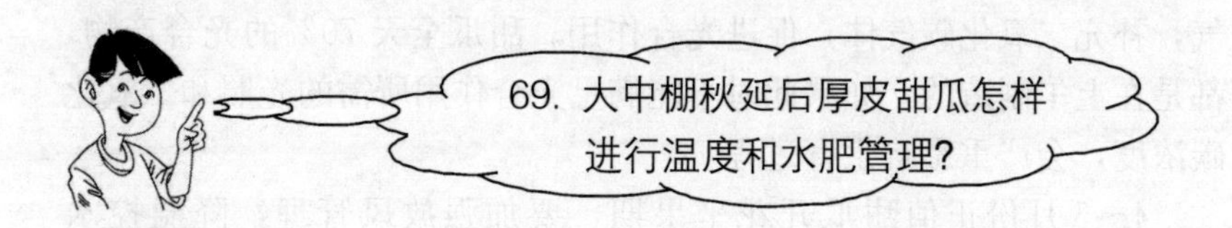

69. 大中棚秋延后厚皮甜瓜怎样进行温度和水肥管理?

(1) 温度管理　甜瓜从定植缓苗到坐瓜前，要遮阴降温，严防徒长。秋延后栽培一般使用上茬的棚膜，棚膜经过几个月的风吹日晒后，透光率会下降一半左右，正好适合夏季遮阴。使用时，将大棚四周棚膜卷到肩部，南北门打开，四面透风，形成凉棚。下雨时放下棚膜，防止雨水进入棚内。进入9月气温开始下降，天气变得比较凉爽，这时要以保温管理为主，盖好棚膜，围好围裙，安上南北门，逐渐减小放风量。9月中下旬，放风仅在中午进行，其他时间闭棚升温。9月末10月初，要注意收听天气预报，霜冻来临前可浇一次防冻水，或棚室用百菌清烟雾剂结合防病熏烟，提高植株抗寒力。

（2）水肥管理　甜瓜伸蔓期正值夏季高温，雨量集中时，土壤墒情好，温度高，秧苗很容易徒长。所以前期要降低氮肥用量，底肥充足时，坐瓜前一般不追或少追氮肥。甜瓜坐瓜后结合浇水追膨瓜肥，每667米^{2}用尿素10千克，硫酸钾15千克，并连续喷施0.3%磷酸二氢钾3～4次。追肥可结合浇水冲施或用施肥器打孔施入，冲施时在大垄垄侧刨深沟，让水肥顺沟渗入膜下。浇水后松土除草，保持土壤墒情。穴施时在距植株15厘米处打孔施肥，施肥后要立即浇水。但生长后期，植株封垄后，多以冲施为主。为提高肥料吸收率，化肥最好用水充分溶解后再随水冲施。甜瓜浇水：一般定植时1次，缓苗时1次，伸蔓期1次，坐瓜后2～3次，直至采收前7～10天，停止浇水。

提　示　板

大中棚秋延后甜瓜正值盛夏季节播种育苗，此期高温、强光、多雨，对幼苗生长极为不利。因此，苗床应设置遮阴防雨棚，并采用傍晚浇水的方法降低温度，增大昼夜温差。为防止蚜虫传播病毒病，可在苗床四周悬挂银灰色塑料条避蚜。如发现蚜虫，要及时喷药防治。

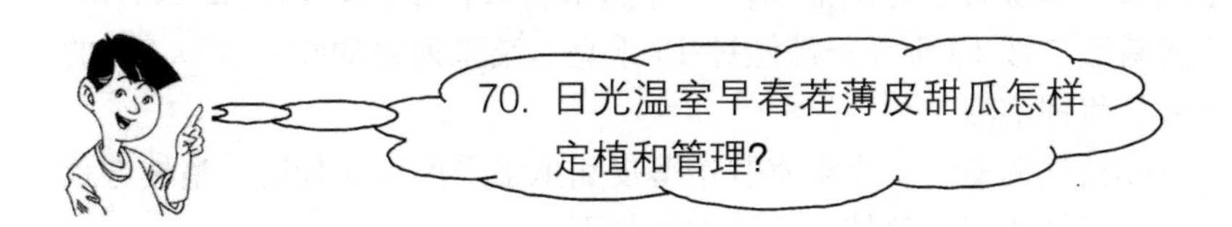

日光温室早春茬薄皮甜瓜可于12月末至翌年1月初在温室内播种育苗，2月中下旬定植于温室，4～6月份上市，是当前薄皮甜瓜生产中经济效益较高的茬口。

（1）整地定植　定植前结合整地每667米^{2}撒施优质农家肥2 000

千克，过磷酸钙 25 千克，深翻后耙平，按 1.3 米行距开施肥沟，每 667 米^2 施入农家肥 3 000 千克，三元复合肥 20 千克。然后在沟上做底宽 1 米，沟宽 30 厘米的高畦，畦高 15 厘米。畦中央开沟，形成两条垄，垄距 50 厘米。如图 29。

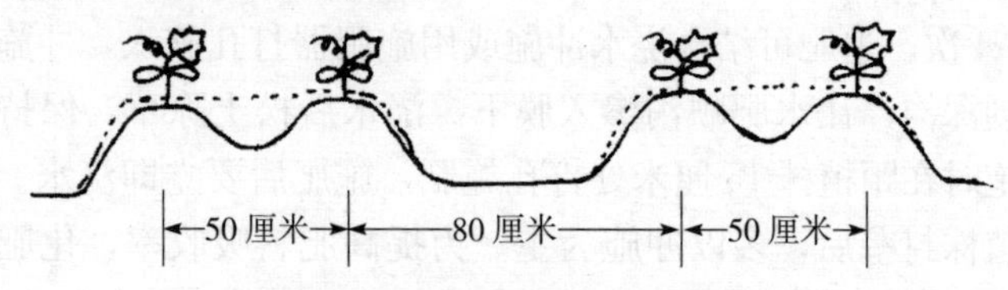

图 29　整地定植方式示意图

定植时选择晴天的上午，在膜上按 40 厘米株距开穴，穴内浇满底水，水渗下后摆苗，3 天后封埯。

(2) 田间管理

①温度管理。定植后缓苗前以提高室内温度为主，白天温度要保持在 28～30℃，夜温 17～18℃。缓苗后通风降温，防止植株徒长。结果期要保持较高的温度，白天温度 25～28℃，夜间温度 15～18℃，夜温过低不利于果实膨大。

②水肥管理。缓苗后根据植株生长情况决定是否需要浇缓苗水。如土壤较为干旱，则浇足缓苗水，直至果实坐住不再追肥灌水。果实坐住长到鸡蛋大小时浇催瓜水，并随水施入催瓜肥，每次每 667 米^2 施入磷酸二铵 10 千克，硫酸钾 15 千克。结果期每周喷一次 0.3% 的磷酸二氢钾溶液。

③植株调整。日光温室栽培薄皮甜瓜多采用直立栽培。整枝方式有单蔓整枝或双蔓整枝。具体方法如下：

a. 单蔓整枝。在主蔓第 9～15 节选留 6 条子蔓作结果预备蔓，每条结果预备蔓瓜前留 1～2 片叶摘心，其余子蔓摘除，主蔓留 22～25 片叶打顶。

b. 双蔓整枝子蔓结瓜。主蔓 4 叶时摘心，选留两条健壮子蔓，用尼龙绳吊于大棚顶部。每条子蔓从第二个雌花起连续选留 3 个瓜。

c. 双蔓整枝孙蔓结瓜。主蔓 4 叶时摘心，选留两条健壮子蔓，

在子蔓6～8节处留3条孙蔓作结果蔓，结果蔓在雌花前留2片叶摘心，其余孙蔓及早摘除（图30）。

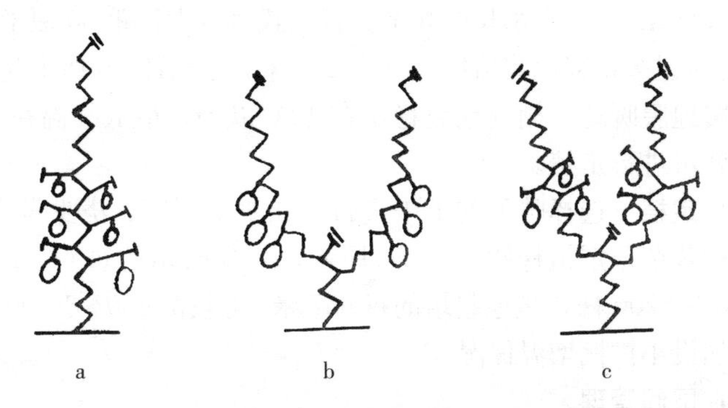

图30　薄皮甜瓜直立栽培整枝示意图

a. 单蔓整枝　b. 双蔓整枝子蔓结瓜　c. 双蔓整枝孙蔓结瓜

提　示　板

日光温室早春茬薄皮甜瓜为提高坐果率，目前生产中多采用坐瓜灵、番茄灵等生长调节剂处理。为提高甜瓜的品质，最好采用蜜蜂、熊蜂进行辅助授粉来促进坐瓜。

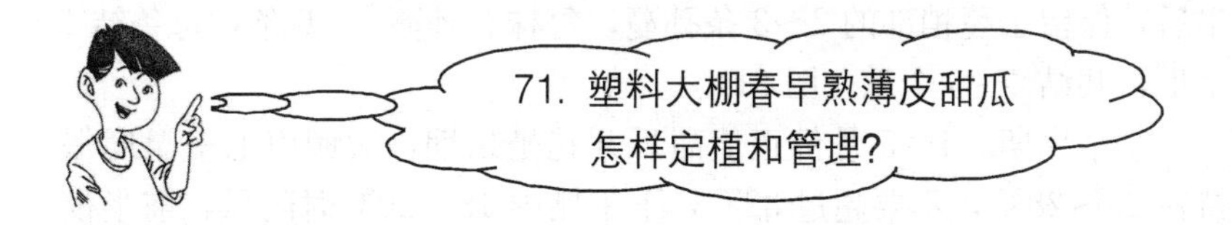

塑料大棚春早熟甜瓜，2月中上旬在日光温室内播种育苗，苗龄35～40天，3月中下旬定植，5月下旬至6月上旬收获。

（1）整地施基肥　大棚春早熟栽培应在定植前

1个月扣棚蓄热，土壤化透后，每667米^{2}施优质农家肥5 000千克，深翻使粪土混匀。在大棚中间南北向留1米宽的水道兼作作业通道，两边对称做4.0～4.5米长的高垄。直立栽培按大行距80厘米，小行距50厘米起垄，爬地栽培按大行距2.0米，小行距50厘米起垄。垄做好后覆地膜暖地。棚内地温稳定在12℃以上，最低气温在10℃以上时，就可进行定植。

(2) 定植 选择晴天的上午进行。在垄上开穴，浇少量定植水，水渗下后栽苗。定植株距50～60厘米，直立栽培的每667米^{2}可栽苗1 800～2 200株，爬地栽培的每667米^{2}可栽苗800～1 000株。定植后可加设小拱棚增温保湿。

(3) 田间管理

①缓苗期和伸蔓期。定植后全面提温促缓苗，缓苗期日温28～30℃，夜温18～20℃，地温27℃为宜。缓苗后逐渐降低温度，白天保持25～28℃，夜间不低于15℃，地温23～25℃，随着外界温度升高，可撤去小拱棚，并适当放风降温。缓苗后，浇足缓苗水，直到坐瓜前不必追肥灌水，适当蹲苗。薄皮甜瓜大多以子蔓或孙蔓结瓜为主。直立栽培的整枝方法可参照日光温室直立栽培。爬地栽培可采用四蔓整枝，幼苗5～6片叶时摘心，选留4条健壮子蔓，分别拉向不同的方向，每蔓留1个瓜，每株留4个瓜。也可在幼苗两叶一心时用竹签拔掉主蔓的生长点，留2条子蔓在5～6片叶时摘心，待孙蔓长出后，保留子蔓梢部的2～3条孙蔓，每株有孙蔓4～6条，每条结1个瓜，共结4～6个瓜（图31）。

②结果期。4～5月份正值甜瓜开花坐果期，大棚内上午温度保持在25～28℃，不要超过32℃，下午棚内18～20℃时闭风，前半夜温度控制在15～17℃。管理上注意加大昼夜温差，严防徒长。当夜间最低气温稳定在13℃以上时，可昼夜通风。开花期尽量不浇水，以免造成落花。瓜坐住后，结合浇膨瓜水追1次膨瓜肥，每667米^{2}冲施磷酸二铵10千克，硫酸钾15千克。果实膨大期，再结合浇水追施三元复合肥15千克。此期应适当多浇水，保持土壤见干见湿，一

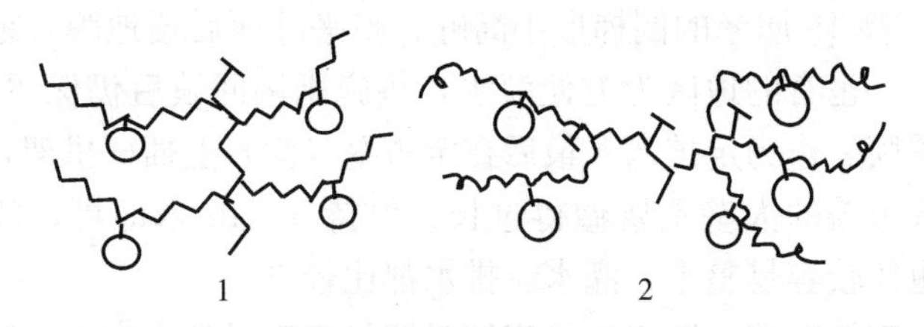

图 31　薄皮甜瓜爬地栽培整枝示意图

1. 子蔓结瓜　2. 孙蔓结瓜

般 7～10 天浇一次水。成熟前 10 天，停止浇水，以提高果实品质。经人工授粉或植物生长调节剂处理坐住瓜后，选留 4～5 个，多余的果实均疏去。

提　示　板

爬地栽培的当瓜坐住后 20 天左右，应及时翻瓜和垫瓜。垫瓜即在瓜下垫草，以保持瓜面整洁，减少烂瓜。翻瓜可使果实生长均匀整齐，色泽一致，甜度均匀。翻瓜时不能 180° 对翻，以免底部突然受烈日暴晒而灼伤。翻瓜宜选择晴天日落前 2~3 小时进行。

72. 双膜覆盖栽培的薄皮甜瓜怎样整地定植?

（1）整地施基肥　结合翻地每 667 米^2 施入农家肥 3 000 千克，整平耙细。再按 1.5～2 米的行距开沟，沟内浇足底水，并在沟内集中施肥，每 667 米^2 条施农家肥 1 500 千克，过磷酸钙 40 千克，尿素 10 千克，使粪土充分混合。在施肥沟上方做成上宽 50 厘米，下宽

60厘米，高15厘米的倒梯形小高畦，整平畦面后覆地膜，地膜两侧用土封严。也有的地区为方便灌水，将施肥沟回填后仍保留10厘米深度，覆膜后作为定植沟。最后在定植垄（沟）上插好拱架，扣膜烤地。双膜覆盖的大垄不要做得过长，保持8～10米即可，放风效果好，垄也比较容易整平，灌水、排水都比较方便。

（2）定植时期　正确选择定植时期是实现早熟丰产的关键措施之一。定植过早，因地温低，不易成活；定植过晚，达不到早熟的目的。具体的定植环境指标是当地日平均气温回升并稳定在10℃左右，且高畦地膜下10厘米处日平均温度达18℃以上，选晴暖无风的天气定植，定植后立即盖膜保温。

（3）定植方式

①双行栽培。两行瓜苗背靠背方向爬蔓，两行苗的小行距30厘米，大行距2米，株距30厘米，每667米^{2}可栽苗1 500～1 800株。扣棚后形成宽70厘米，高40厘米的小拱棚。双行栽培的优点是：节省架材、棚膜，灌水方便；两垄之间的水道将来可用作田间作业通道，方便管理。不足之处是：双行瓜苗处于棚两侧，既易被烤伤，又易受外界气候条件影响，秧苗伸蔓后小棚内比较拥挤，不好管理。见图32。

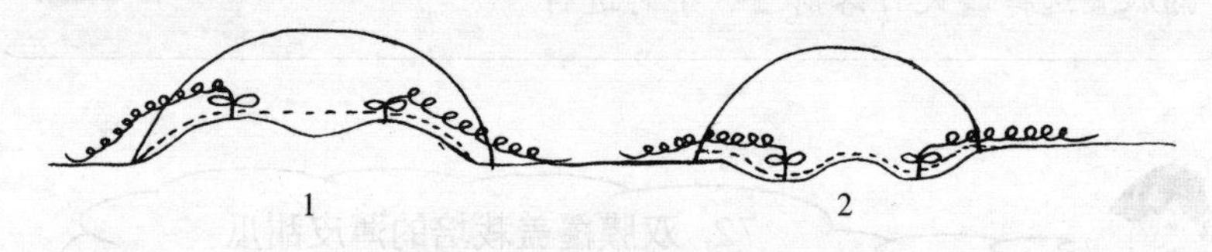

图32　双行栽培定植方式

1. 高畦　2. 沟畦

②单行栽培。按30厘米株距将幼苗定植于畦中央，行距1.5米，爬蔓时可顺着风向朝着一个方向爬蔓，不容易被风吹翻秧。单行栽培的优点是：甜瓜苗定植在畦面中间，相对双行栽培的空间大，瓜蔓留在小拱棚内的时间也比较长，能最大限度地发挥小拱棚的增温效果。见图33。

（4）栽植方法

①直立栽法。选择晴天上午，将受过低温锻炼的适龄壮苗顺着垄

图 33 单行栽培定植方式

1. 高畦 2. 沟畦

向一侧摆好，之后将小拱棚一侧揭起，按株距在垄上打孔定植，为防地温下降太快，定植时水量不要过大，可采取穴内点水栽苗。定植深度以土坨顶部与畦面相平为宜，周围填入湿土，封严定植口，边定植边扣好小拱棚。

②向阳窝栽法。高畦做好后，按株距在畦上挖出一个个坐北朝南、直径约 15 厘米、深约 10 厘米的小土坑（向阳窝），盖地膜提升地温。定植时，先揭开地膜，在向阳窝北侧开穴，将土坨苗根向北、苗头向南，使苗根放在刚开的穴中埋好，秧苗平放在预先挖好的向阳窝中，栽完一行后，盖上地膜保温保墒。最后在地膜正对秧苗的部位，开一个鸡蛋大小的孔，用于通风换气，防止秧苗徒长。这样，秧苗的地上部分和地下部分全都被保护在地膜下。搭好拱架，盖上小拱棚，使秧苗在小拱棚、地膜的双膜覆盖下。这种形式，保温效果好，可提早定植 5～7 天。定植 3～5 天后，将幼苗从地膜孔中引出，使幼苗的地上部分在地膜上、棚膜下生长。

提 示 板

双膜覆盖甜瓜可于当地终霜前 15~20 天定植，较露地提早收获 20~30 天，较地膜覆盖可提早 12~15 天。小拱棚主要用于定植初期保温，后期温度升高后就可将它撤掉，所以拱架和棚膜可反复利用，成本低，效益非常显著。

(1) 温度管理 定植初期外界温度较低，温度管理的重点是防寒保温，如遇寒流和大风天气，夜间可在小拱棚两侧压草苫保温防风。定植后5～7天是缓苗期，这段时间要紧闭小拱棚，增温保湿促进缓苗。当晴天中午棚温超过35℃时，要适当放风降温，以防烤苗。缓苗后伸蔓期白天温度控制在28～30℃，夜间最低温度不能低于10℃。上午棚温升至25℃开始放风，先在棚两头揭膜放小风，温度下降后再盖好，如此反复。下午棚内温度降至25℃时开始关闭风口，以保证夜温不致过低。以后随着外界气温的升高可逐渐加大放风量。当地终霜后10天左右，外界气温已能满足甜瓜生长发育的需要，可拆除小拱棚，变为地膜覆盖栽培。

(2) 水肥管理 定植缓苗后至果实坐住前尽量少浇水，防止地温过低，促进根系发育。如定植水不足，可在缓苗后浇少量缓苗水。果实膨大期是需水最多的时期，应充分灌水。可在过道灌水，然后使水自然渗透进畦内。果实坐住以后，应适量追肥，每667米^{2}追施磷酸二铵10千克及硫酸钾15千克。施肥时在畦的两侧过道上打孔追肥或溶于水中随水冲施。

(3) 整枝留瓜 双膜覆盖的甜瓜多采用匍匐式栽培，即爬地栽培。整枝方法如下：

①双蔓整枝。如果是以子蔓结果为主品种，瓜苗3～5片真叶时摘心，选留两条生长健壮的子蔓留作结果蔓。一般每株留2～4个瓜。为防茎叶生长过快造成化瓜，坐瓜部位以上留2～4片叶摘心，每株功能叶片数保持在10～15片。双蔓整枝占地面积小，田间定植密度大，容易争取到早期产量。但由于单株叶片数不多，容

易早衰。如果是以孙蔓结果为主的品种。瓜苗 3～4 片叶摘心，选留两条健壮子蔓，之后在每条子蔓第 1～3 节再对称选留两条孙蔓作结果蔓。孙蔓坐瓜后，瓜前留 1～2 片叶摘心，子蔓 7～8 节后摘心，平均每株留瓜 4 个。每株功能叶片数保持在 16～20 片。这种整枝方式果实着生部位相近，果实膨大均匀，整齐度一致，适合爬蔓栽培。见图 34。

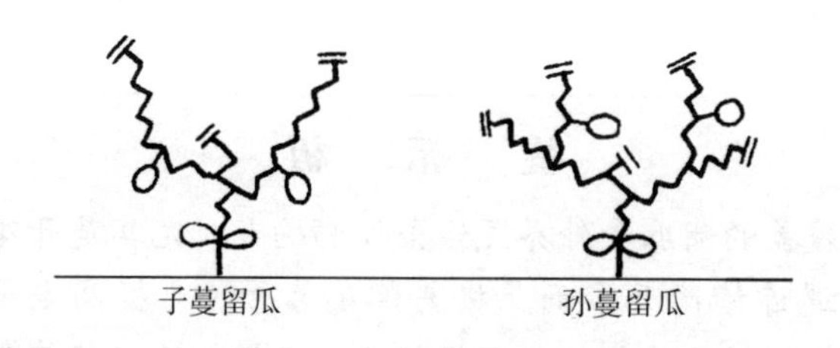

图 34　双蔓整枝示意图

②三蔓整枝。三蔓整枝在瓜苗 4 片真叶时摘心定蔓，选留三条健壮子蔓作结果蔓。根据不同品种的结果习性，每条子蔓或孙蔓选留 1 个瓜，每株留 3 个瓜。坐瓜节位以上留 2～4 片叶后摘心。孙蔓留瓜，可在每条子蔓 1～3 节选留一条孙蔓，选留孙蔓的子蔓留 3～4 片叶摘心，孙蔓瓜前留 1～2 片叶摘心，每株保留功能叶片 20 片左右。子蔓留瓜，可选留子蔓第 2～3 雌花，在花前留 3～4 片叶摘心。见图 35。

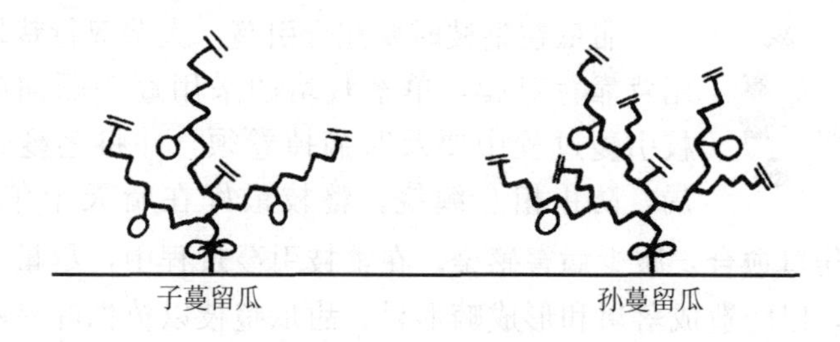

图 35　甜瓜三蔓整枝示意图

③四蔓整枝。在瓜苗长到 5 片真叶时主蔓摘心，选留 4 条健壮子

蔓作结果蔓，每蔓留 1 个瓜，每株留 4 个瓜。子蔓、孙蔓都可留瓜，坐瓜节位以上留 3 片叶左右摘心，每株有效叶片数在 18～24 片。四蔓整枝植株生长旺盛，产量高，一般在肥力比较充足的地块才能满足生长需要。见图 36。

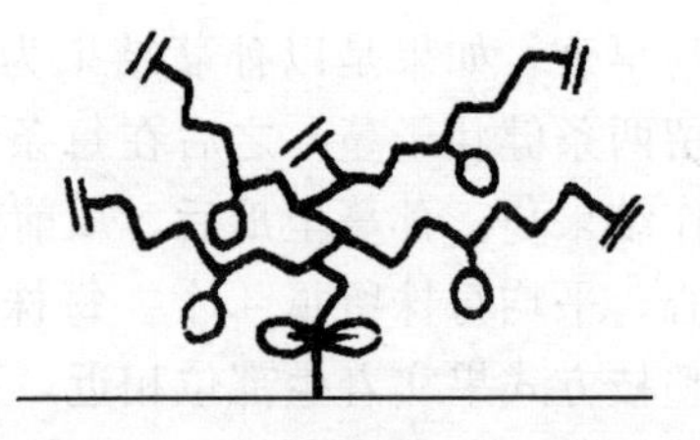

图 36　甜瓜四蔓整枝示意图

提　示　板

双膜覆盖的甜瓜受外界气候条件影响大。尤其是开花授粉时，遇连续阴天多雨，极易落花落蕾。为提高坐果率，可以人工授粉为主，药剂授粉为辅，授粉后，雌花要戴上防水纸帽，防止雨淋。果实膨大期的田间管理要注意防涝，并加强病虫害防治。

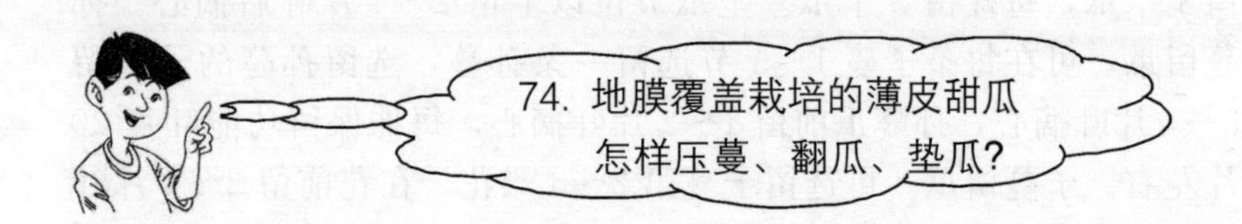

74. 地膜覆盖栽培的薄皮甜瓜怎样压蔓、翻瓜、垫瓜?

甜瓜在整枝时要配合引蔓，大垄双行栽培的采用背靠背对爬，单垄栽培的采用逐垄顺向爬。整枝引蔓过程中要及时摘掉卷须，并将茎蔓合理布局，防止相互缠绕。整枝最好在晴天中午进行，以加速伤口愈合，减少病害感染。在整枝引蔓过程中，尽量不要碰伤幼瓜，以防造成落果和形成畸形果。甜瓜整枝以植株叶蔓刚好铺满畦面，又能看到稀疏地面为好，坐瓜后幼瓜不外露。为使植株茎蔓均匀地分布在所占的营养面积上，防止风刮乱秧，甜瓜也需压蔓

固定。但是由于甜瓜栽培密度大、蔓短、坐果早、坐果部位距根端近，通常不把蔓压入土内，而是只用土块或石块在茎蔓两侧错开压住瓜叶。

爬地栽培的甜瓜，下雨前或浇水前，将瓜拉到垄的地膜上，防止浸水腐烂。为提高甜瓜的外观商品质量，防止瓜底贴地产生黄褐色斑点，在果实定个后进行垫瓜，需在每个瓜的下面放一个塑料瓜垫或其他软垫。生长后期还应进行翻瓜，使果实糖度均匀，果实表面着色均匀。翻瓜应在下午进行，顺着同一方向每次转动60°，以免扭伤或折断瓜柄，并将部分曝晒瓜用叶蔓或杂草遮盖果面，防止日灼，降低品质。

提　示　板

压蔓的时间应掌握在中午以后进行，因为上午水分多、瓜蔓脆，此时压蔓容易折断而造成损失。午后瓜蔓组织柔软，不易扭伤。压蔓时主、侧蔓均需压，并将瓜蔓拉紧，以利养分输送畅通。

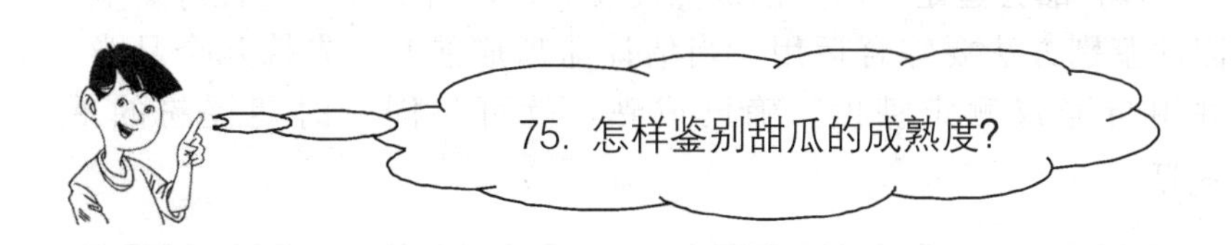

75. 怎样鉴别甜瓜的成熟度?

甜瓜成熟度的鉴别是提高甜瓜品质的关键环节。鲜食甜瓜要求有高度的成熟度，采收过早，果实含糖量低，香味淡，有时甚至有苦味；采收过晚，果肉组织分解，口感绵软，硬度下降，含糖量减小，品质差，不利于存放。因此可根据果实外观、授粉日数及糖度品质等方法综合判断甜瓜的成熟度。

（1）外观鉴定 根据甜瓜不同品种特征观测果实的颜色、纹路、香味、体积、重量等，成熟的甜瓜呈现出本品种特有的颜色，如由原来的绿色变为灰绿色或黄色，由白色变为乳白色或黄色，由浅绿色变为白色等，同时成熟的瓜表皮光滑发亮，花纹清晰。有棱沟的品种，成熟时棱沟明显；有网纹的品种，果面网纹突出硬化时即标志成熟。有的品种还能散发出浓郁的香味，用手指弹时声音混浊，生瓜则声音清脆。成熟瓜瓜皮比较硬，指甲不易陷入，生瓜皮嫩则易划出痕迹。果实成熟后，瓜柄附近的茸毛脱落，脐部比较软，用手捏有弹性。早熟品种果柄与果实连接处易发生离层，采摘时容易脱落，晚熟品种一般不易脱落。对于易产生离层的品种而言，最适宜的采收期是瓜蒂部出现裂纹但尚未完成脱蒂时。此外，结瓜蔓上的叶片因缺镁而焦枯，也是果实成熟的重要标志。

（2）计算成熟期 甜瓜从开花到果实成熟有一定的积温要求，达到所需日数就会成熟，所以授粉时可挂标签记录具体开花授粉日期。甜瓜不同品种的果实成熟天数可参照品种说明书，具体应用时，还要考虑果实成熟期的温度状况。阳光充足，温度高时可提前2～3天成熟，阴雨低温则成熟延迟。

（3）品尝鉴定 甜瓜的成熟度受栽培环境、品种特性等影响，因此鉴别方法要综合运用，当估计甜瓜成熟时，先摘几个品尝，并用折光仪测定糖度，确已成熟，就可将同一时期授粉的瓜采收。

提　示　板

一般薄皮甜瓜早熟品种授粉后22~25天成熟，中熟品种25~30天成熟，晚熟品种则需30~40天；厚皮甜瓜早熟品种从授粉到成熟需35~45天，中晚熟品种需45~55天。

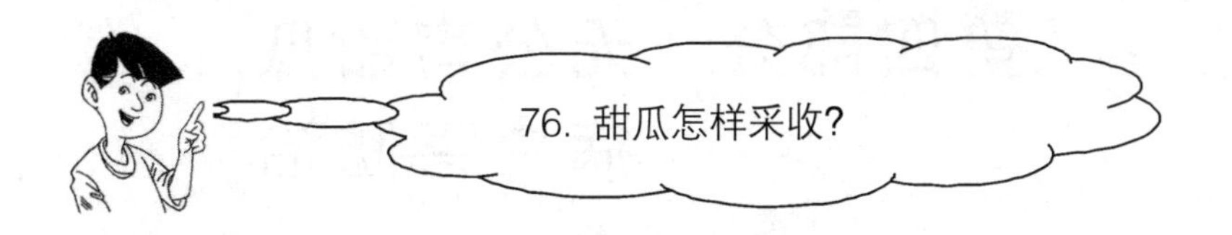

（1）采收适期　甜瓜采收时要根据不同的销售方式来确定采收期。就地销售时，应在完全成熟时收获；远途贩运，可在果实八九分成熟时采收，此时采收果实硬度高，耐贮运，至销售时已达充分成熟。进行短期贮藏的甜瓜应在果实达到七八分成熟时采收。只有适时采收，才能保证商品瓜的品质。

（2）采收时间　采收甜瓜一定要注意采收时间，雨天或带露采收容易导致病菌侵染，贮运期间腐烂多；晴天午后采收，果实温度高，带有大量田间热，贮运期间呼吸旺盛，导致病菌生长、繁殖快，也容易腐烂，货架寿命缩短。因此，甜瓜的采收应在果实温度较低的早晨和傍晚进行，切忌雨天或雨刚停后采果。采收后将甜瓜置于阴凉处，避免重叠，待果温与呼吸作用下降后再包装装箱。不可把采下的果实立即包装，否则果实易腐烂变质。

（3）采收方法　一般甜瓜在采收后腐烂原因有3个：一是机械损伤；二是病菌传染；三是生理病害。三者之中，尤其以果实的机械损伤最为常见，是引起果实腐烂的主要原因。果实一旦受伤，病菌易侵入，果实的呼吸作用加强，生理衰老随之变剧。因此，采收时应尽量减少倒运环节，减少果实的机械损伤。甜瓜通常带柄采收，采收时用剪刀从果柄靠近瓜蔓部割下，厚皮甜瓜采收时将果柄剪成“T”字形。采下的瓜要轻拿轻放，防止摩擦损伤。

第四部分 无公害甜瓜病虫害防治

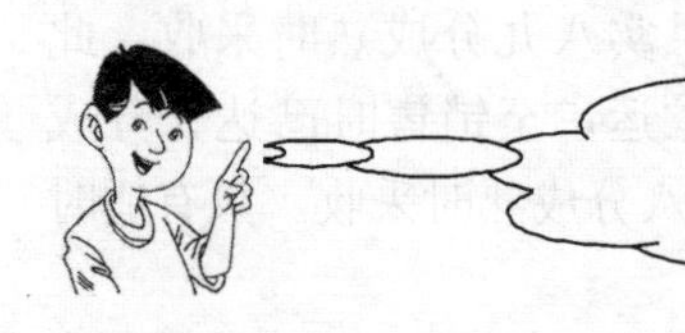

（1）甜瓜病害的基本知识 甜瓜的病害分为侵染性病害和非侵染性病害。侵染性病害是由病原物引起的，如真菌、细菌和病毒等，这些病害能相互传染，如枯萎病、疫病、细菌性角斑病、病毒病等；非侵染病害不是由病原物引起的，不能相互传染，是由环境条件不适宜或营养失调造成的，如温度过高过低，水分过多过少，光照过强过弱，肥料和营养元素过多过少，土壤酸碱度不适宜，有毒气体和农药使用不当引起的生理障害，例如烧根、涝害、裂果、倒瓤等生理障害。

（2）甜瓜虫害的基本知识 危害甜瓜的害虫绝大多数是昆虫，只有少数螨类。害虫分为咀嚼式口器和刺吸式口器两种。咀嚼式口器害虫为害时，咬食甜瓜的根、茎、叶、花和果实，有的将叶片咬成孔洞、缺刻，有的将秧苗贴地面咬断，如小地老虎、蝼蛄等。刺吸式口器害虫为害甜瓜时，口器刺入叶片或嫩梢组织吸食汁液，使叶片、嫩梢皱缩、卷曲，出现斑点、发生煤污等现象，如蚜虫、温室白粉虱等。

（3）农药使用的基本知识 设施甜瓜处于高温高湿的生态环境，利于病虫害的发生蔓延，短时期内药剂防治仍是甜瓜病虫害防治中最常用的措施。因此，掌握必要的农药使用常识，正确地选购和使用农

药，是有效防治病虫害、保证甜瓜高产稳产的一项重要措施。

①对症下药。棚室甜瓜病虫种类多，为害习性不同，对农药的敏感性也各异。因此，必须熟悉防治的对象，掌握不同农药的药效、剂型及其使用方法，做到对症下药，才能达到应有的防治效果。如发生细菌性病害，使用杀真菌药剂就不能达到防治效果。再如防治咀嚼式口器的害虫需选用胃毒剂防治，害虫进行为害时将药剂一并吞入胃中而中毒，而防治刺吸式口器害虫则必须用内吸剂农药或触杀剂农药。

②购买农药的注意事项。购买农药应该选择正规的农药经销部门，并注意查看其经营执照。购买时应仔细检查农药的标签，正式合格产品的标签是经过国家农药登记部门严格审批的，具有一定的法律效力。完整的农药标签应包括农药名称（商品名、通用名、有效成分含量、剂型）、农药登记号（国产农药还要求有准产证号）、净重、生产厂名及地址、农药类别（杀虫剂、杀菌剂等）、使用说明、毒性标志、注意事项、生产日期、批号等。每次购药时，要检查标签是否完整，除了看其使用方法等内容外，要特别注意查看有无农药登记证号，以免买到假冒产品。标签上注明是低毒或中等毒性才能购买；无生产日期或日期超过两年的则不能购买。购药时先从外观上检查是否有异常，并索取发票，以备万一由于农药质量问题造成损失后，作为依法索赔的证据。购得农药后如怀疑质量有问题，应及时送农药检定所等单位检验。

提　示　板

按农药的防治对象及用途，可分为杀虫剂、杀螨剂、杀菌剂、杀线虫剂、除草剂、杀鼠剂、杀软体动物剂及植物生长调节剂等八大类。我国规定在农药标签下部，用一条与底边平行的不同颜色的色带来表示不同类别的农药，如红色代表杀虫剂，绿色代表除草剂，黑色代表杀菌剂，深黄色代表植物生长调节剂，蓝色代表杀鼠剂。

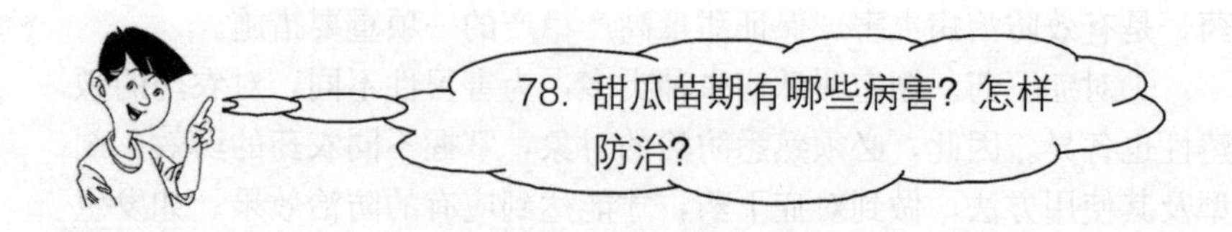

(1) 幼苗猝倒病

①症状。幼苗初发病时，在幼茎接近地面处出现水渍病斑，接着病部迅速绕茎一周，渐渐变为黄褐色，使幼茎干枯收缩变细。有时发病很快，子叶仍为绿色，尚未凋萎，幼苗即猝倒而死。有的幼苗出土前胚茎和子叶已腐烂变褐而死。苗床初期只见个别幼苗发病，几天后便可向四周蔓延，引起成片幼苗猝倒。高温、高湿条件下，病残体表面及周围地面可出现白色菌丝。

②发生特点。病原真菌在病残体上越冬，可在土壤中长期生存，有机质多的地块菌量也多。春天条件适宜时，病菌借水流、农家肥、农事操作传播。低温（10～15℃）高湿有利于发病，早春育苗和直播时，土温低，阴雨天多，管理不良，常引起该病大发生。

③防治措施。苗床要选在地势高、排水好的地方。以无病新土为床土。旧床土要用50%多菌灵可湿性粉剂每平方米8～10克，或福尔马林400毫升加水10～13升泼浇，用薄膜覆盖闷4～6天，打开晾两周，待气味散尽后方可播种。加强管理，尽可能提高地温，使地温保持在16℃以上，控制浇水，适量通风，降低苗床湿度，增加光照，培育壮苗。出现少数猝倒病苗要及时拔除，然后以药土填穴，或喷施50%扑海因可湿性粉剂600～800倍液，或75%甲基硫菌灵可湿性粉剂800倍液，或15%恶霉灵水剂450倍液，主要喷幼苗及根际土壤。喷药后，撒干土或草木灰降低苗床湿度。

(2) 幼苗立枯病

①症状。种子萌动后出土前感染可造成烂种。出土的病苗，茎基先出现椭圆形暗褐色病斑，白天萎蔫，夜间恢复，严重时病斑绕茎一

周，凹陷、干缩、倒伏，病部可见白霉。大苗感病，病苗直立不倒，病部可见网状褐色霉层。

②发生特点。病原真菌能侵染多种植物，又能在土壤中营腐生生活长期存在。病菌通过流水、菌土、菌肥、农事操作传播蔓延。病菌从幼苗根茎的伤口，或直接穿皮侵入危害。偏低温（15～20℃）、阴雨多湿、土壤过黏、重茬发病重。

③防治措施。同幼苗猝倒病。

提　示　板

幼苗猝倒病和立枯病是甜瓜苗期两种常见病害，二者病原菌不同，发病症状不同，但发病条件和防治措施基本相同。从根本上解决猝倒病和立枯病的发生，最好采用无土育苗。如发现局部病害，应采用提早分苗的办法减轻病害的发生和蔓延。

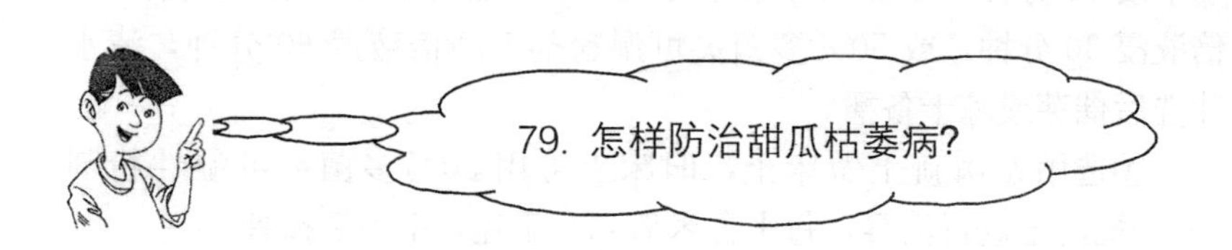

枯萎病又称蔓割病、萎蔫病，俗称“抽秧病、死秧病”，是甜瓜最严重的病害之一，在全国各地均有发生，常具毁灭性。

(1) 症状　整个生育期都可发生，开花到结果期发病最重。播种后出土前发病可造成烂种。幼苗发病须根减少，叶片皱缩，枯萎发黄，倒伏枯死，茎基淡黄色。成株期发病，病株生长缓慢，叶片自下向上逐渐萎蔫，中午尤为明显。前期白天萎蔫夜间恢复，随病情发展，植株早晚不能恢复，并很快枯死。其茎基部初呈黄绿色水浸状，长条形病斑上可生白霉，以后条斑颜色变深，常纵裂，分泌黄色胶状物，潮湿时病斑上可生白色至粉红色霉。切断茎部，可见维管束变褐，为该病的重要特征。

(2) 发生特点 病原真菌主要以菌丝、厚垣孢子或菌核在土壤、病残体或未腐熟的粪肥上越冬，多年存活，种子内部或表面也可带菌越冬。传播渠道有多种，种子、土壤、肥料、灌溉水、昆虫、田间作业等都可传病，病菌从主根伤口或根毛顶端细胞间侵入。进入导管上下扩展，堵塞导管产生毒素，干扰新陈代谢，影响水分运输，使细胞死亡，植株萎蔫。重茬地、黏土地发病重，偏施氮肥、酸性肥有利发病。发病适温23～25℃。久雨后高温干旱或久晴后连阴雨天发病重。

(3) 防治措施

①实行轮作。与非瓜类轮作，旱地7～8年，水田3～4年。

②选用抗病品种。一般薄皮甜瓜比厚皮甜瓜品种抗病。

③选无病种子和种子处理。种子消毒可用温水浸种，先将种子在冷水中浸种4～6小时，再移到45℃温水浸15分钟，再放到55℃热水中浸15分钟，后移入冷水中冷却，捞出催芽；或用福尔马林100倍液浸30分钟，或50%多菌灵可湿粉剂500倍液浸60分钟，清水冲洗后催芽或晾干备播。

④选用无病新土做床土，旧床土可用50%多菌灵可湿性粉剂1∶50配药土进行消毒，每平方米撒0.1千克，平整后播种。

⑤加强田间管理。营养钵育苗，移栽时不要伤根，瓜地要排水良好，减少氮肥，增施磷钾肥。酸性土壤可用石灰中和。发现病株及时拔除烧毁，病穴及周围要喷药消毒。

⑥药剂防治。定植时可用50%多菌灵可湿性粉剂，或70%甲基硫菌灵可湿性粉剂，每667米^{2}0.7千克加细土25千克，撒在瓜穴内或沟内。发病初期灌根，可选用2%农抗120水剂100～200倍液、10%双效灵200～300倍液、50%多菌灵可湿性粉剂500倍液、40%乙磷铝可湿性粉剂500倍液，每株200～250毫升，每7～10天灌1次，连续灌3～4次。

提　示　板

枯萎病为土传病害，一旦发生病株很难治愈。药剂防治只能延缓病原菌的传播和病害的蔓延，防效并不明显。最好的办法是采用嫁接育苗，将甜瓜与抗性强的砧木嫁接，可从根本上防治枯萎病的发生。常用嫁接砧木有新士佐、圣砧1号、世纪星等。

80. 怎样防治甜瓜蔓枯病?

甜瓜蔓枯病又叫黑斑病、黑腐病，是甜瓜产区较为普遍发生的一种病害。有时在个别地块发病严重，也可造成整片病株枯死。不同甜瓜品种抗病性有明显差异，一般薄皮甜瓜较厚皮甜瓜抗病性强。

（1）症状　主要为害根茎、蔓、叶柄，而叶、果实为害轻。叶片发病呈现黄褐色至黑褐色、圆形或不规则形病斑，其上有不明显的同心轮纹，病斑上可出现小黑点。潮湿时，病斑迅速扩及全叶，叶片变黑枯死，干叶常呈星状破裂。瓜蔓染病，近节部呈淡黄色、油渍状、椭圆形至不整齐病斑，病斑稍凹陷，上密生小黑点，严重时表皮破裂，分泌出黄白色胶状物，干枯后为红褐色或黑色块状。果实染病，初为水渍状病斑，后中央变为褐色枯死斑，呈星状开裂，内部呈木栓状，发黑后腐烂。

（2）发生特点　病原真菌主要以分生孢子器或子囊壳在作物病残体、架材及种子上越冬，春暖时产生孢子，借风雨传播，从整枝、摘心的伤口或其他伤口侵入。甜瓜苗期很少发病，生育前期易发病，生殖生长盛期达到高峰。发病适宜温度20～24℃，湿度越大发病越重，连作地排水不良、种植过密、通风透光不足、连阴雨或浇水过多、偏施氮肥、缺肥植株生长不良发病重。

(3) 防治措施

①选用无病种子，或用福尔马林 100 倍液浸种 15 分钟消毒。

②轮作倒茬，与非瓜类作物实行 2～3 年轮作。

③加强栽培管理。施足底肥，增施磷钾肥，科学用水，密度合理，并及时压瓜、整枝、打杈，防止疯长，及时拔除病株销毁。

④发病初期用 75%百菌清可湿性粉剂 600 倍液，或 70%甲基硫菌灵可湿性粉剂 600 倍液，或 69%安克锰锌 500 倍液，47%加瑞农可湿性粉剂 600 倍液喷洒叶面防治，每 5～7 天喷 1 次，视病情变化喷 2～3 次；或用 1∶50 倍托布津或敌克松液或托布津液加杀毒矾药液涂抹病部。

提 示 板

甜瓜蔓枯病与枯萎病的区别是，蔓枯病病势发展缓慢，不全株枯死，维管束也不变色；蔓枯病与炭疽病的区别是，蔓枯病发生后期在灰白色的病斑上生出黑色小粒，而炭疽病发病后期病斑上生出粉红色黏状物。

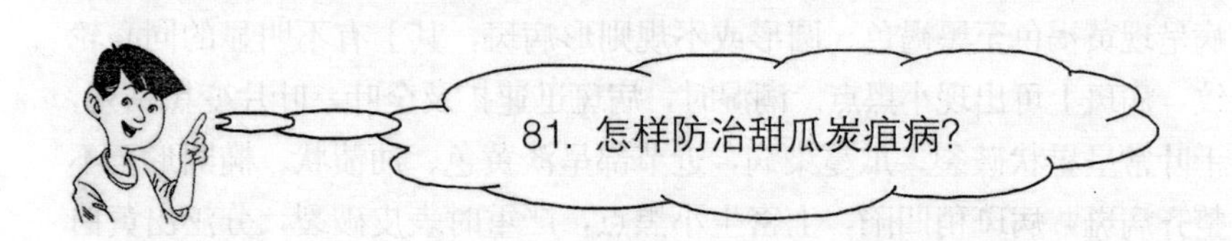

81. 怎样防治甜瓜炭疽病?

炭疽病是甜瓜重要病害之一，可造成大面积死亡或绝收，也可在采收后果实贮运销售过程中继续发生危害，造成大量烂果，导致的损失有时比田间发病时更大。

(1) 症状 苗期至成株期或贮运期均可发病，以中、后期发病最

重。幼苗发病，子叶上出现圆形褐色病斑，发展到幼茎基部变为黑褐色，病部缢缩，易折，折断部位较立枯病高。成株期发病，叶片上最初出现水渍状纺锤形或圆形斑点，很快干枯成黑色，外围有黑紫色晕圈，有时有同心轮纹，病斑扩大后联合，引起叶片干燥破裂枯死，潮湿时病斑上生粉红色小点，后变为黑色。茎或叶柄染病，病斑长圆形，稍凹陷，初为水渍状黄色，后期斑上生许多黑色小点。若病斑绕茎一周，病斑上端的叶、茎会全部枯死。果实上发病，初为暗绿色水渍状小点，扩大后为圆形或椭圆形凹陷，暗褐色至黑褐色，凹陷处龟裂。潮湿时病斑中部可产生粉红色黏状物。幼果被害后造成整个果实变黑、皱缩、腐烂或畸形、脱落。

（2）发生特点　病原真菌以菌丝体或拟菌核在病残体上越冬，种子上带的病菌可存活两年。潜伏在种子上的菌丝体直接侵入子叶引起幼苗发病，田间分生孢子借雨水、气流、害虫和人畜活动等传播，甜瓜在贮运过程中病菌也能侵入发病。温度20～24℃，湿度90%～95%适宜发病。气温高于28℃，湿度低于54%不易发病。施氮肥过多、排水不良、通风透光差及重茬地块病害发生重。

（3）防治方法

①使用从无病株、无病果中采收的种子，需注意杂种一代不可自行留种。

②播前进行种子消毒，可用55℃温水浸种15分钟或用40%福尔马林（为避免个别品种受药害，可先少量浸种试发芽率）100倍液浸种30分钟，或硫酸链霉素150倍液浸种15分钟，捞出用清水冲净再催芽播种，也可用50%多菌灵或40%拌种双可湿性粉剂按种子重量的0.3%拌种。

③加强田间管理，与非瓜类作物实行三年以上轮作，施用充分腐熟的农家肥，增施磷、钾肥以提高植株抗性；平整土地，防止积水，合理密植，消除杂草；果实下面铺草垫；及时清除病秧、病果、病叶。

④发病初期喷洒50%甲基硫菌灵可湿性粉剂800倍液，或25%炭特灵可湿性粉剂600倍液，或2%农抗120水剂200倍液，80%炭疽福美可湿性粉剂800倍液，或25%施保克可湿性粉剂1 200倍液，

或10%世高水分散粒剂6 000倍液，或25%敌力脱乳油1 000倍液，或80%大生可湿性粉剂600倍液，或30%倍生乳油2 000倍液，或25%凯润乳油2 000倍液，每7～10天喷1次，连喷2～3次。温室大棚还可用45%百菌清烟剂每667米^{2}250克，或5%百菌清粉尘剂每667米^{2}1千克，每9～10天熏1次，连施2～3次。

提　示　板

甜瓜果实对炭疽病的抗性随着果实的成熟而逐渐降低，贮藏运输期遇到潮湿环境易造成腐烂。因此，贮藏或远运的甜瓜，必须经过严格挑选，剔除病、伤果实。有条件时采用低温贮运或涂抹保鲜剂，温度最好控制在4℃左右。温度过高、过低都易造成果实腐烂。

82. 怎样防治甜瓜疫病?

甜瓜疫病俗称“死秧”，是为害甜瓜的主要病害之一，高温、高湿易发病，特别是在雨后，病害来势凶猛，短短几天内瓜秧全部萎蔫、死亡。

(1) 症状　病原真菌可侵染甜瓜幼苗、叶、茎及果实，以茎蔓及嫩节发病较多，成株期受害最重。幼苗子叶染病，先出现水浸状圆形暗绿色病斑，中央逐渐变成红褐色，茎基受害后，病处软腐，呈暗褐色，近地处缢缩或倒伏，上部枯死。真叶染病，初生暗绿色水浸状圆形或不规则形病斑，迅速扩大，湿度大时腐烂，干后呈淡褐色，易破碎。成株染病，多在茎节部出现暗绿色纺锤形水浸状斑点，病部明显缢缩。天气潮湿时出现暗褐色腐烂，干燥时为青白

色，被害处以上茎蔓及叶片很快萎垂，不久全株萎蔫枯死，病株维管束不变色。果实染病，形成暗绿色圆形水浸状凹陷斑，后迅速扩及全果，皱缩腐烂，有青贮饲料气味，病部表面密生白色菌丝。

（2）发生特点　病原真菌以菌丝体或卵孢子在土壤、病残体或未腐熟的粪肥中越冬，种子也可带菌，通过水、风传播，从气孔、细胞间隙侵入。温暖多湿有利发病，温度20～30℃、相对湿度85%以上，最易发病。雨季及高温高湿发病迅速。该病为土传病害，连年栽种瓜类作物的田块、施用未腐熟的厩肥、追肥伤根者易发病；排水不良、栽植过密、茎叶茂密或通风不良发病重。

（3）防治措施

①轮作倒茬，与非瓜类作物实行3～4年轮作，增施充分腐熟的农家肥，注意氮、磷、钾配合施用。

②55℃温水浸种15分钟，洗净晾干后播种。

③喷无毒高脂膜200～400倍液，阻止病原菌侵入，可同时兼治白粉、炭疽、霜霉等病。

④发现病株立即拔除，并撒生石灰消毒，同时进行药剂防治。可选用72%克露可湿性粉剂700倍液，69%安克锰锌可湿性粉剂1000倍液，或72.2%普力克水剂600倍液，或58%甲霜灵锰锌可湿性粉剂500倍液，或64%杀毒矾可湿性粉剂500倍液，每7～10天1次，连喷2～3次。必要时可用上述药剂灌根，每株用药液400～500毫升，每隔7～10天1次，连续防治3～4次。

提　示　板

疫病发病高峰多在暴雨或大雨之后，如田间地势低洼处的积水不能及时排除，再遇大水漫灌，病害将严重发生。管理上应注意防涝，控制浇水；尽量使瓜坐在垄台上或高畦的畦面上，浇水时水深不要超过茎基部或坐瓜部位。发病初期在瓜蔓与果实下铺一层草，可减轻病情。

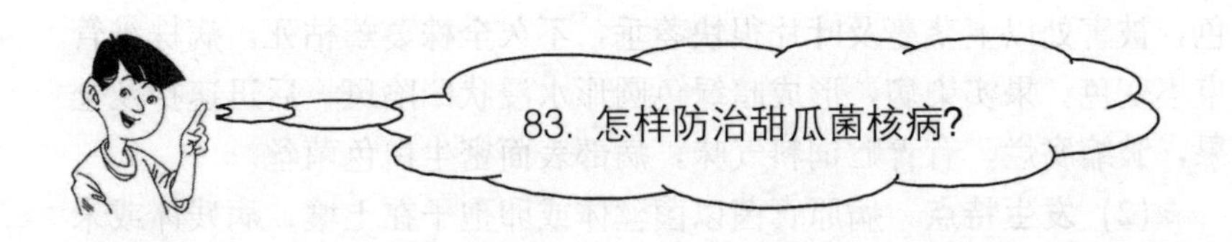

83. 怎样防治甜瓜菌核病?

专家解答

菌核病为甜瓜的普通病害，主要在设施内发生。一般零星发病，对甜瓜生产无明显影响，个别棚室发病较重，造成死秧和烂瓜，影响产量。

（1）症状 从苗期至成株期均可发病。幼瓜、凋萎花蒂、叶腋处较易发病，病害开始在下部老叶、落花上发生，并经过叶柄向茎部蔓延。起初发病部位出现白色棉絮状物，髓部破裂，剩下丝状的维管束，病株变黄死亡。当切开感染的病茎时，髓部具有白色的霉状物，并带有鼠粪状的黑色菌核。受害的果实长满白色棉絮状物，并很快变软腐烂。幼苗发病，在近地面幼茎基部，出现水渍状病斑，很快绕茎一周，造成环腐，幼苗猝倒。

（2）发生特点 菌核病是一种寄主范围很广的低温病害，以冬春保护地甜瓜受害为主。有时和蔓枯病混合发生造成严重的损失。病菌的菌核在土壤中可存活多年，在湿度高、凉爽或适中的温度下都能生长，越冬后来年萌发率在90%以上。长时间的高湿、降雨、灌溉、结露或大雾，都适合该病的发展。

（3）防治方法

①实行轮作，未发病的温室大棚忌用病区培育的幼苗，防止菌核随育苗土传播。

②播前深翻土地，将菌核翻入土层深处，使之不能萌发。

③及时清除田间杂草，采取高畦地膜覆盖栽培，抑制菌核萌发及子囊盘出土。发现子囊盘出土，立即铲除，集中销毁。

④加强管理，注意通风排湿，减少传播蔓延。

⑤发病初期可用10%速克灵烟剂熏烟防治，每667米^{2}用药250克；也可喷撒5%百菌清粉尘剂，每667米^{2}用量1千克，隔7～10天1

次。也可于发病初期喷洒40%菌核净可湿性粉剂1 200倍液，或50%乙烯菌核利可湿性粉剂1 000～1 500倍液，或50%多霉灵可湿性粉剂700倍液，或45%特克多悬浮剂1 200倍液，或50%腐霉利1 000～1 200倍液，或50%扑海因可湿性粉剂1 500倍液，7～10天喷1次。有条件的选用上述药剂的粉尘剂喷粉或采用常规烟雾施药，防治效果更理想。

提　示　板

由于菌核可以随种子调运作远距离传播。因此，留种要注意清选种子，以剔除种子中夹杂的菌核。在播前还可用10%~15%的盐水或硫酸铵水漂洗2~3次，能汰除绝大部分的菌核，选种后需立即用清水冲洗，以免影响发芽。

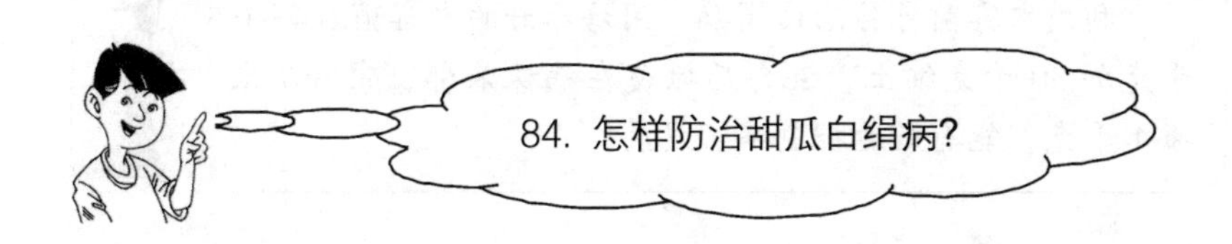

84. 怎样防治甜瓜白绢病?

白绢病又叫白霉病，主要为害甜瓜茎蔓基部和贴近地面的果实。

(1) 症状　发病初期植株在中午时萎蔫，叶子变黄，并在几天之内整个茎基部坏死，植株完全萎蔫死亡。病部产生白色棉絮状物，可以扇形覆盖在茎的表面。在白色棉絮状物中，长着芥菜籽大小的浅棕色至黑褐色菌核。该菌也侵害与土壤相接触的果实引起果实腐烂，上面长有大量的霉状物和菌核。

(2) 发生特点　病原真菌主要以菌核或菌丝体在土壤中越冬，条件适宜，菌核萌发产生菌丝，从寄主茎基部或根部侵入。出现中心病株后，地表菌丝向四周蔓延，发病适温30℃。高温和高湿有利于菌核萌发，连作地、酸性土或沙性地发病重。

（3）防治措施

①清除和烧毁病组织，轮作和深耕等，都有助于减少病害的发生，有条件的地方可进行水旱轮作。

②定植前对棚室内的土壤消毒，并深翻土壤，把菌核深埋到地下。

③每 667 米^2 生产田施用消石灰 100～150 千克调节土壤酸碱度，调到中性为宜。

④发现病株及时拔除，集中销毁，并在植株基部及其周围土壤喷洒 50%代森铵水剂 800～1 000 倍液，或用 50%扑海因可湿性粉剂或 20%甲基立枯灵可湿性粉剂 1 份，对细土 100～200 份，撒在病部根茎处，防效明显。

提　示　板

利用木霉菌可防治白绢病。用培养好的木霉菌 0.4～0.5 千克加 50 千克细土，混匀后撒覆在病株基部，每 667 米^2 撒 1 千克，能有效地控制病害发展。

细菌性角斑病对甜瓜、黄瓜危害很大。甜瓜受害叶片焦枯，果实品质下降，严重时果实腐烂，对产量造成一定的影响。

（1）症状　甜瓜整个生育期都能发病，主要为害叶片，叶柄、茎、卷须和果实也可发病。子叶发病，初呈水浸状近圆形或不规则形凹陷斑，后干枯；叶片发病，初呈鲜绿色水浸状病斑，渐变为淡褐色，背面受叶脉限制呈多角形黄褐色斑，潮湿时病斑

上溢出白色菌浓，后期病叶干枯，呈黄褐色，病斑脆裂穿孔；茎、叶柄、果实发病，初为水浸状圆斑，后为灰白色，也有白色菌脓，茎、果实形成溃疡和裂纹，果实病斑可扩展到内部，使种子带菌。

（2）发生特点　病原细菌主要潜伏在种子内或随病残体残留在土壤中越冬。病菌可由伤口、自然孔口侵入，带病种子发芽即侵入子叶，通过风雨、昆虫、农事操作传播。温暖（21～28℃）、高湿（相对湿度85%以上）有利发病，低洼地、连作地发病重。

（3）防治方法

①选择无病株、果留种，播前用55℃温水浸种15分钟，或次氯酸钙300倍液浸种30～60分钟，或硫酸链霉素5 000倍液浸种2小时，冲净晾干，或70℃干热灭菌72小时。

②加强田间管理，与非瓜类实行2年以上轮作；氮、磷、钾配合使用，早播松土，苗期少浇水，生长期科学用水；及时清除病叶、果及病株残体，减少菌源。

③药剂防治。发病初期用50%福美双可湿性粉剂500倍液、新植霉素或农用链霉素2 000倍液、30%DT杀菌剂（琥胶肥酸铜）500倍液，每5～7天喷1次，连喷3～4次。

提　示　板

细菌性角斑病与霜霉病症状相似，主要区别是霜霉病为真菌性病害，角斑病为细菌性病害。角斑病除为害叶片外，还为害果实，使果实腐烂有臭味，并使种子带菌，而霜霉病主要为害叶片，不为害果实。发病中期，两者叶片病斑均为角状，颜色都为黄褐色，但角斑病颜色较浅。将病斑对光透视，霜霉病无透光感，角斑病有透光感觉。湿度大时，霜霉病叶背病斑处有灰黑色霉状物，而角斑病则有白色菌脓溢出。发病后期，霜霉病病叶不穿孔脱落，而角斑病病叶穿孔脱落。

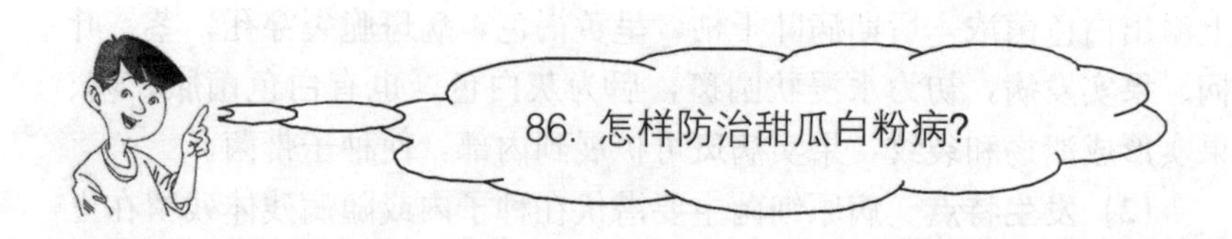

白粉病俗称“白毛”，为瓜类作物常见病害，在我国南北方均有发生，在瓜类全生育期都可发生，以中后期发生为重。甜瓜、黄瓜、西葫芦较易感病。

(1) 症状 白粉病主要侵染甜瓜叶片、叶柄，茎蔓也可受害，果实受害少。发病初期，叶面上产生白色粉状小霉点，不久逐渐扩大成一片白粉层，以后蔓延至叶背、叶柄和茎蔓及嫩果上。后期白粉层变灰白色，白粉层中出现散生或堆生的黄褐色小粒点，后变成黑色，即病菌的闭囊壳，病叶焦枯发脆，致使果实生长缓慢。

(2) 发生特点 白粉菌是专性寄生菌，只能在活的寄主体内吸收营养，均在寄主表皮细胞上呈外寄生，因此，病叶一般不出现坏死斑，只呈现枯黄状。甜瓜白粉病病菌以闭囊壳随病残体遗留在田间越冬，或以菌丝体在温室植株上越冬。病菌的分生孢子借气流和雨水传播，在10～30℃范围内均可萌发侵染，对湿度要求不严，即使在干旱条件下白粉病仍可严重发生。栽培管理粗放，施肥不足，或偏施氮肥、浇水过多、植株徒长、枝叶过密、光照不足、通风透光不良等均有利于白粉病的发生。

(3) 防治措施

①施足农家肥，增施磷钾肥，增强植株抗性，防止植株徒长和早衰。

②及时整枝打杈，保持植株通风良好。

③作物收获后清除病株残体，并于定植前对棚室进行密闭熏烟。每100米^{3}空间，用硫黄粉250克，锯末500克掺匀后，或45%百菌清烟剂250克，分放几处点燃，密封熏蒸一夜，以杀灭

整个设施内的病菌。

④调查发病中心，掌握植株发病初期及早喷药，控制蔓延。发病初期喷施30%特富灵可湿性粉剂1 500～2 000倍液，或40%多·硫悬浮剂500～600倍液，或10%世高水分散粒剂1 200～1 500倍液，或62.25%仙生可湿性粉剂500倍液，或50%克菌丹450倍液，每隔7天防治1次，连续2～3次。

提　示　板

采用27%高脂膜乳剂80~100倍液，于发病初期喷洒在叶片上，形成一层薄膜，不仅可防止病菌侵入，还可造成缺氧条件使白粉菌死亡。一般隔5~6天喷1次，连续喷3~4次。因粉锈宁乳油对瓜类作物易产生药害，甜瓜白粉病防治最好不要用粉锈宁。

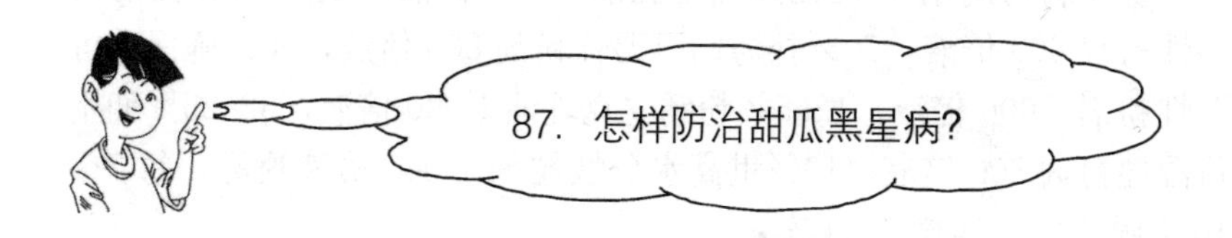

名家解答

黑星病近年来有扩大蔓延之势，对此应引以重视。该病除为害甜瓜外，还可为害黄瓜、南瓜、西葫芦等。

(1) 症状　黑星病在甜瓜整个生长期间均可发生，可为害叶片、茎蔓、卷须及果实，以嫩叶、嫩茎及幼果等幼嫩部分受害最重。幼苗发病可造成生长停止，心叶枯萎而死。病叶上初呈褪绿小点，扩展后为近圆形淡黄色斑，后穿孔呈星状开裂。因叶脉受害后坏死，而周围健康组织继续生长，致使病斑周围叶组织扭曲。茎蔓、卷须、叶柄、果柄均可受害，初为淡黄褐色水渍状条斑，后变为

暗褐色，病部凹陷龟裂。病部溢出初为白色后为琥珀色胶状物，潮湿时其上密生灰黑色霉层。重病株心叶腐烂，茎蔓萎蔫。病果初呈暗绿色圆形至椭圆形病斑，有白色或琥珀色溢出物，凹陷，龟裂呈疮痂状，病组织停止生长，造成病果畸形，病部潮湿时有灰黑霉层，但不腐烂。

(2) 发生特点 病原真菌以菌丝体或分生孢子丛在土壤或种子上越冬，病菌从叶片、果实和茎蔓的表皮直接侵入，也可从气孔或伤口侵入。田间分生孢子借风雨传播。相对湿度达93%以上，气温15～30℃时易产生分生孢子。降水量大，次数多，田间湿度大，昼夜温差大的气候发病重。

(3) 防治措施

①加强产地检疫，杜绝病害传到无病区。

②种子处理。50%多菌灵可湿性粉剂500倍液浸种20分钟，或55℃温水浸15分钟，或用种子重量0.3%的50%多菌灵可湿性粉剂拌种。

③发病初期用40%杜邦福星乳油8 000倍液，或75%百菌清可湿性粉剂600倍液，50%扑海因可湿性粉剂800倍液，50%施保功可湿性粉剂3 000倍液，12.5%粉锈立克乳油1 000倍液，62.25%仙生可湿性粉剂800倍液，10%世高水分散粒剂1 000倍液喷雾，每7～10天喷1次，连喷3～4次。

提　示　板

黑星病是一种检疫性病害，无病区从外地调运种苗时，一定要注意防止从疫区引种，避免该病随种苗调入。

霜霉病是甜瓜的主要病害，保护地、露地均可发病，多在春末夏初的温室或大棚形成为害。一般发病率10%～30%，严重时可达90%以上。一般轻度影响甜瓜生产，个别严重棚室或地块损失可达30%以上。此病还侵害多种其他瓜类蔬菜。

(1) 症状　主要为害叶片，由下向上发展，成株期开花结果后发病重。苗期子叶发病，出现不规则枯黄斑。叶片发病，初呈水浸状绿色小点，后扩大，受叶脉限制成多角形淡褐色斑块，病斑干枯易碎，潮湿时长出紫灰色霉层，后期霉层变黑。严重时，病斑连成片，全叶变黄褐色，干枯卷缩，病田植株一片枯黄。瓜瘦小，品质差，含糖量降低，严重影响产量。

(2) 发生特点　病原真菌主要在土壤中或病残体上越冬，也可在温室瓜上越冬，种子不带菌。病菌靠气流、雨水、食叶害虫传播，自寄主植株气孔或直接穿透表皮侵入。田间一般5月下旬始见，5月下旬至6月中旬为发病盛期。低洼潮湿处先发病，后向四周蔓延，顺风面蔓延快。地势低洼、浇水过多、种植过密、透光不好、雨水多、雾多、露多、昼夜温差大、湿度高有利发病，有时10天内可蔓及全田。

(3) 防治措施

①加强田间管理，不偏施氮肥，及时除草、整枝、打杈、压蔓，控制浇水防止徒长，培育壮苗，增加抗性。

②及时摘除病叶，带出田外烧毁或深埋。

③霜霉病通过气流传播，发展迅速，易于流行，应在发病初期及早喷药才能收到良好防效。常用药剂有60%琥·乙磷铝可湿性粉剂

500 倍液，或 70%乙磷·锰锌可湿性粉剂 500 倍液，或 64%杀毒矾可湿性粉剂 400～500 倍液，或 72%克抗灵可湿性粉剂 800 倍液，或 56%靠山水分散微颗粒剂 800 倍液，或 69%安克锰锌水分散粒剂或可湿性粉剂 1 000 倍液，每 7～10 天 1 次，连续防治 3～4 次，喷后 4 小时遇雨须补喷。

提 示 板

甜瓜开花后，每 667 米^{2}用尿素 0.2 千克、白糖（或红糖）0.5 千克，对水 40~50 千克叶面喷施，每 5~6 天 1 次，连喷 4~5 次，以增强植株抗性，预防发病；也可用 3 千克生石灰对水 50 千克，浸泡 24~48 小时，滤出上清液喷施，既能杀菌，又能促进根系吸收养分增强抗病能力。

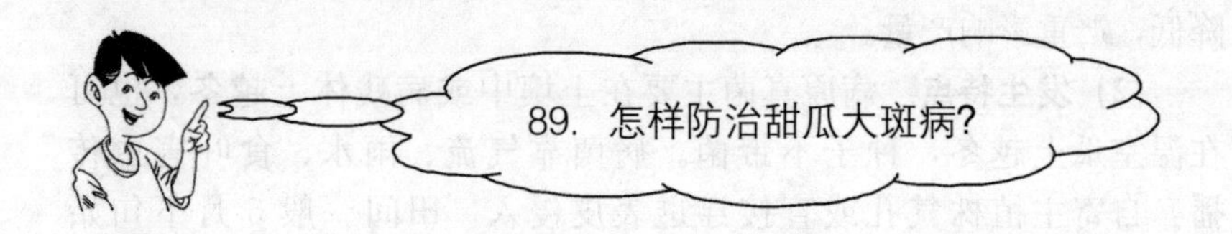

89. 怎样防治甜瓜大斑病?

甜瓜大斑病又称黑斑病，是甜瓜常见病害，主要为害甜瓜叶片、茎蔓和果实。重病田叶片焦枯、发紫，提前枯死，严重影响糖分积累，商品性大大降低。此病除为害甜瓜外，还为害黄瓜、丝瓜。

(1) 症状 叶片发病先从下部老叶发生，叶片上出现伴有黄色晕斑、中部灰白色至灰褐色的小斑点，逐渐扩大后形成圆形或角形的褐色水渍状病斑，变薄后易穿孔。病斑有时可以重叠，形成一个褐色的不规则形大病斑，病斑直径多在 1 厘米以上，其上生有稀疏

的同心轮纹及霉层。茎部感病茎上出现灰白色纺锤形病斑，与健康部界线呈褐色，中心部出现裂痕。果实上出现绿色针状大小的斑点，不久中部呈发白色木栓状，形成直径为1～1.5毫米微微隆起的小斑点。

(2) 发生特点 病原真菌以菌丝及分生孢子在病叶组织内外越冬，为第二年的初侵染源。病原真菌在4～36℃间均能生长，最适温度为25～31℃。主要发生在甜瓜生长中后期。病害发生程度与湿度密切相关。开花前浇第1水时发病重，而坐瓜后再浇水时则发病轻。

(3) 防治方法

①清除病残组织，减少初侵染源。

②药剂防治可用40%拌种双200倍液浸种24小时，冲洗干净后催芽播种。发病初期喷40%百菌清悬浮剂500倍液，或50%异菌脲可湿性粉剂1 500倍液，50%腐霉利可湿性粉剂1 500～2 000倍液，70%代森锰锌可湿性粉剂500倍液，64%杀毒矾可湿性粉剂500倍液，80%喷克可湿性粉剂600倍液，每隔7～10天喷1次，连续2～3次。棚室栽培，每667米^{2}傍晚喷撒5%百菌清粉剂1千克，或每667米^{2}于傍晚点燃45%百菌清烟剂200～250克，每隔7～9天1次。

提 示 板

设施甜瓜应抓好生态防治，由于早春定植昼夜温差大，白天20~25℃，夜间12~15℃，相对湿度高达80%以上，易结露，利于大斑病的发生和蔓延。应重点调整好棚内温、湿度，尤其是定植初期，闷棚时间不宜过长，防止棚内湿度过大、温度过高，减缓该病发生蔓延。

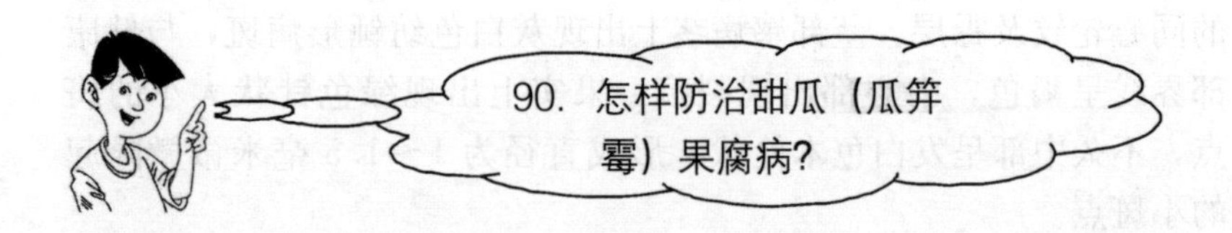

(1) 症状 主要为害花和幼瓜。病菌从花蒂部侵入，花器变褐枯萎，扩展后蔓延到幼果，致病瓜外部逐渐变褐，表面生白色茸毛状物，后期可见褐色、黑色大头针状毛。高温、高湿扩展快，引起果腐。

(2) 发病特点 真菌性病害，病原菌为瓜笄霉。病原菌主要以菌丝体随病残体或产生接合孢子留在土壤中越冬，第2年春天侵染瓜类作物的花和幼瓜。发病后病部长出大量孢子，借风雨或昆虫传播。病原菌能从伤口侵入生活力衰弱的花和果实。棚室栽培遇有高温、高湿或低温、高湿条件，日照不足，雨后积水，伤口多，易发病。

(3) 防治方法

①选择地势高燥地块，增施有机肥，增强抗病力；与非瓜类作物实行3年以上轮作；采用高畦或高垄栽培，合理密植；设施栽培注意通风排湿；露地栽培雨后及时排水，严禁大水漫灌；坐果后及时摘除残花病瓜，集中深埋或烧毁。

②开花至幼果期开始喷药，常用药剂有72%克露可湿性粉剂700倍液，或64%杀毒矾可湿性粉剂400～500倍液，或69%安克锰锌可湿性粉剂700倍液，或75%百菌清可湿性粉剂600倍液，或58%甲霜灵锰锌可湿性粉剂500倍液，每隔10天左右喷治1次，共防治2～3次。

提　示　板

甜瓜瓜笄霉果腐病与镰刀菌果腐病的病原物不同。瓜笄霉果腐病的病原物为接合菌门的瓜笄霉，镰刀菌果腐病的病原物为半知菌门的镰孢菌。瓜笄霉果腐病多在甜瓜生长期间发生，镰刀菌果腐病多在甜瓜贮运期间发生。

91. 怎样防治甜瓜病毒病?

甜瓜病毒病俗称花叶病、小叶病，是北方甜瓜产区普遍发生的一类病害，甜瓜露地栽培、秋延后栽培中发生较重。感染病毒的植株，坐果少、瓜个小，含糖量下降，风味变差，有时瓜内充满坏死斑块，不堪食用，严重影响瓜的产量和质量。

（1）症状　病毒病的感病症状有花叶、黄化、坏死、畸形等。生产中常见症状主要有花叶，发病时叶脉稍透明，叶色深浅不一，斑驳失绿，但植株没有明显畸形或矮化。重症时叶片凹凸不平，叶小卷缩，茎扭曲萎缩，植株矮小。结果小而少，果实上有花叶状斑纹或凹凸不平，失去商品价值。有些感病植株的症状是复合发生，一株多症现象很普遍。

（2）发生特点　病毒不能在病残体上越冬，只能寄生在田间宿根植物（如鸭跖草、刺儿菜）上越冬，也可在温室冬季栽培的瓜类作物等寄主上越冬，甜瓜种子也可带毒。由蚜虫、黄守瓜、马铃薯瓢虫等传播，田间整枝、摘果等农事活动，传染率极高。病毒病一般在 5 月中下旬始见，6 月上中旬进入盛期。一般年份温度可影响发病期的早晚。从幼苗到开花期，对病毒最敏感，以后抗性增强。温度高，日照强，天气干旱，有利于蚜虫繁殖和迁飞，发病重。缺水缺肥、管理粗放、邻近毒源，发病也重。

(3) 防治方法

①选留无病种子和种子处理，用55℃温水浸种15分钟，冷却后在25～30℃水中浸种2小时；或用10%磷酸三钠溶液浸种20分钟，捞出后清水洗净催芽。

②集中育苗，早育苗早移栽，加强水肥管理，把发育阶段提前10～15天，增强抗病力，错过发病期。

③瓜田周围400米最好不种瓜类作物，并彻底铲除田间杂草。

④整枝时先整健株，后整病株，接触病株后要用肥皂水洗手，避免接触传播。重病株尽早拔除，减少田间毒源。

⑤及时防治蚜虫和黄守瓜等传毒害虫，如在田间铺银灰色膜避蚜，设置黄板诱杀蚜虫，或苗床覆盖防虫网阻隔蚜虫迁飞。药剂防治应首选植物源农药0.3%苦参碱水剂800～1 000倍液，或0.3%印楝素乳油600～1 000倍液，或0.5%藜芦碱醇溶液800～1 000倍液，微生物源农药2.5%多杀菌素水悬浮剂600～1 000倍液，或2%阿维菌素乳油2 000倍液，或25%阿克泰水分散粒剂2 500～5 000倍液，或10%吡虫啉可湿性粉剂1 000倍液等防治。

⑥发病初期开始喷洒20%病毒A可湿性粉剂500倍液，或1.5%植病灵乳剂800倍液，8%宁南霉素（菌克毒克）200倍液，或5%菌毒清水剂250倍液，或0.5%菇类蛋白多糖水剂300倍液，或1.5%植病灵Ⅱ号乳剂1 000倍液，隔10天左右1次，防治1～2次。

提　示　板

蚜虫取食传播，是病毒病发展蔓延的主要传毒渠道。高温干旱有利于蚜虫繁殖和传毒。管理粗放，田间杂草丛生和紧邻十字花科留种田的地块发病重。铲除传毒媒介是防治病毒病的关键环节。

根结线虫病是由土壤中的线虫侵害幼根而引起的，甜瓜的主根、侧根和须根等部位均可被害。

（1）症状　线虫在根内的分泌物刺激导管细胞膨胀形成巨型细胞或虫瘿，或叫根结，外形类似许多大小不同的肿瘤，肿瘤开始呈白色，后期变成浅褐色，剖开受害部位在显微镜下观察，可见组织内有很多细小的乳白色线虫。初侵根部一般会长出细小的新根，新根可再次被线虫侵害，导致根组织病变。由于根的导管被阻，严重影响其对养分及水分的吸收利用，造成植株生长迟缓，叶片小而黄，中午前萎蔫，严重时根系提早衰败甚至坏死，植株干枯死亡。

（2）发生特点　根结线虫是以雌成虫、卵和 2 龄幼虫随病根残体在土壤和粪肥中越冬，一般可存活 1～3 年。越冬卵孵化为幼虫，蜕皮后以 2 龄幼虫侵染蔬菜的根。影响根结线虫活动的主要条件是土壤的温、湿度。线虫发育适宜温度为 25～30℃，在 10℃以下停止活动，致死温度为 55℃5 分钟。在 27℃时，25～30 天即可完成一代。土壤墒情适中，即土壤不干不湿，持水量在40%左右时有利于其活动危害。土壤透气性好，适宜线虫活动，故沙壤土质较黏壤土质为害重。线虫主要分布在20厘米深的土层内，尤以5～20厘米土层内数量最多。根结线虫可随水游动传播，并可通过苗木、垃圾或粪肥等远距离传播，农事操作及农具携带也有一定的传播作用。由于保护地轮作困难，加上根结线虫寄主又多，所以一旦发生，如不及时防治，为害就会一年年加重。

（3）防治方法

①育苗时选用无病土，施用不带根结线虫的厩肥、河泥等腐熟农家肥。选择无病田块建造大棚或温室，已发生该病的重病地棚室可换地或换土。

②葱蒜类、韭菜、辣椒、甘蓝为抗线虫病作物，因而可在发病大棚内进行轮作，以逐年降低虫源，达到防治目的。

③夏季深耕曝晒，结合扣棚闷棚，利用高温杀灭部分线虫或冬季晾垡冻死越冬虫体也能减少虫源。

④定植前对设施土壤进行高温消毒或通电处理，减少虫口密度。

⑤上茬作物拉秧后，清除病残体和田间杂草带出棚外，集中销毁，以减少下茬线虫量。

⑥整地时每667米^{2}施入3%米乐尔颗粒剂8千克，或10%克线磷颗粒剂1～1.5千克，10%福气多颗粒剂2.5～3千克，施后覆土、洒水、封闭盖膜1周后松土定植。

⑦用棉隆作熏蒸剂，每667米^{2}用量2千克，掺入40千克细土，撒入定植畦下方6厘米处，通过毒气熏蒸杀死线虫。采用这种方法应注意在播前7天操作，以便让气体挥发后在棚内播种或定植，避免人畜中毒。

提　示　板

在根结线虫发生严重的地块种植菠菜、小白菜、芫荽等速生绿叶菜，诱集线虫。这类蔬菜生长季短且极易感染根结线虫，种植1个月后即可收获，此时根部布满根结，但对产量影响不大。收获时根内的线虫被带出土壤（集中销毁），可减少土壤内的线虫量，减轻对下茬作物的危害。

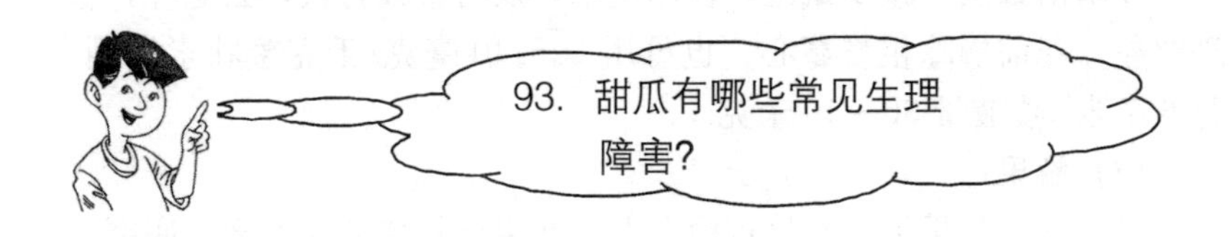

（1）急性生理萎蔫

①症状。多发生在冬春生产的日光温室中。定植初期，植株生长发育正常，结果初期在中午高温强光时，部分植株叶片发生萎蔫，开始在早晚光照弱时尚能恢复，反复几天，早晚亦不再恢复，整株叶片萎蔫下垂死亡。

② 原因。造成这一现象的原因很多，从地下部看，棚室内地面低洼，地下水位高，整地时施生粪或追肥时化肥用量过多，及灌根时药液浓度过大，使根系周围土壤溶液浓度过高，根系细胞间水分向外流动，造成根系局部或全部受害（烧根），吸肥吸水能力受到抑制；从嫁接苗来看，嫁接刀口愈合不好，或接穗、砧木亲和力不高等，造成肥水供应不顺畅。从地上部看，持续阴天，长时间闭棚保温，植株光合作用受到削弱，植株营养不良，骤然晴天揭苫，加大放风量，使空气湿度降低，叶片水分蒸发量迅速增加，地下吸水满足不了地上蒸腾需要，植株就会发生急性萎蔫。

③防治方法。如发现部分植株出现轻微萎蔫，可在中午光强时放下草苫遮光，缓和后再逐渐揭苫见光，同时向植株叶上喷些叶面肥或清水。土壤干旱时增加灌水量。

(2) 甜瓜粗蔓病

①症状。瓜蔓生长过旺，叶柄长，叶片薄，节间长，有些蔓顶端形成拇指粗细、长满茸毛、向上翘的粗蔓。

②原因。属生理性病害，主要是氮肥过多、水分充足，整枝打杈不及时引起茎蔓疯长。光照不足，坐不住果，越是坐不住果，越易发生粗蔓病。

③防治方法。减少氮肥，控制浇水，及时整枝打杈，去老叶，合理留蔓，花前摘除粗蔓蔓心，也可用 20～40 毫克/千克矮壮素喷洒，每 667 米^2 喷液量 30～40 千克。

(3) 裂果

①症状。裂果大多在接近收获期，在果肉较薄的花痕部（底部）、侧面及果肩部出现较大裂缝。

②原因。果实膨大前期肥水不足，致使果实膨大缓慢、果皮老化，后期肥水充足，果肉继续膨大就会胀破已老化的果皮，引起裂果；果面受阳光直射，果皮老化变硬，容易产生同心圆形的小龟裂，植株发生叶枯病时，龟裂更加严重；植株生育后期长势过强，根扎得过深，吸收水分过多而产生裂果；坐果后期日平均温度低于 15℃或夜温突然下降均能导致裂果。

③防治方法。生长期间注意均衡供应肥水是防止裂瓜的关键，一方面要及时浇膨瓜水，另一方面浇膨瓜水后，不要再浇大水，尤其是采摘前 10 天更不能浇大水，否则易出现裂瓜和降低糖度。注意保护果实附近叶片，利用其遮阴，避免阳光直射使果皮老化。当发现整个大棚出现 2～3 个裂果时，选取部分果实测定含糖量，如果糖分较高，已接近收获上市标准，可用钳子夹破瓜蔓的基部（第 1～2 节，长势强时，被夹破的部位 3～4 天后开始鼓起，恢复正常），摘除其下部的叶片，或挖起根系，保留一条，其余剪断，以此来削弱植株长势，防

止吸水过多引起裂果。温室冬季生产时注意日平均温度保持在15℃以上，突遇寒潮时夜间要临时加温。

(4) 僵果（小瓜）

①症状。甜瓜长至比核桃大一点时，不再膨大，明显小于该品种正常瓜，外皮坚硬，成熟晚，完全失去商品价值。

②原因。坐瓜节位低，形成坠秧，果实长不大；坐住瓜后没有及时浇膨瓜水，或水肥条件不好，不能满足果实生长需要；整枝疏瓜不及时，植株生长细弱或出现疯秧，营养分配不均衡；坐瓜以后遇较长时间阴冷低温天气，营养物质运输受阻，外皮硬化。

③防治方法。选择适宜的坐瓜节位，低节位坐瓜，瓜小易出现畸形，植株易早衰。高节位坐瓜，瓜小，肉薄，含糖量低。坐瓜以后果实细胞进入分裂膨大阶段，需及时供应肥水。

(5) 污斑点果

①症状。果面出现污斑、小突起等，对光皮品种影响严重，网纹品种发生的不太明显，但品质略有下降。

②原因。主要由于幼果期喷施药剂时果实受刺激而引起的；低温高湿、日照不足的条件下，植株营养不良；高温多湿，氮肥过多，植株细弱徒长。

③防治方法。喷施农药时要注意避免喷到果面上；加强栽培管理，尽量创造有利于植株生长的环境条件；生育后期追施磷、钾肥，避免一次性过量施入氮肥。

(6) 日烧果

①症状及发生原因。果实膨大期（硬化前），果面受强烈阳光照射，果实局部因高温（30℃以上）伤害坏死脱水，形成干缩状的斑块。轻者果实外表变化不大，只是果肉变薄，质地粗糙；重者果实外皮变色，凹陷部分可达果实一侧的1/4左右，使整个果实失去食用价值。为发生频率较高的病变。

②防治方法。生产上可采取套袋或把果实隐蔽在叶下的办法，避免遭受强烈阳光的照射。

(7) 变形果

①南瓜果。果实沿中心线呈棱角状膨大，表面凸凹不平。甜瓜果实发育先纵向后横向的特点，春茬甜瓜坐瓜前期容易遇低温天气，果实纵向发育缓慢，后期温度适宜，横向生长速度较快，从而形成横径大于纵径的扁圆形南瓜果。不起垄栽培，在根系扎入土中较深，吸收营养和水分多，果实膨大期延长时发生较多。此外，品种不同，发生率也有差异。管理上，特别是网纹产生后，应控制灌水，保持较干燥状态，避免果实过度膨大。

②尖顶果与肩部瘦弱果。在果实膨大期出现低温或日照不足，养分转移不畅或者在生长发育前半期植株长势强，后半期长势弱，以及坐果过多，水分不足等情况下发生。在栽培上可采取膨大期加强保温，防止过度繁茂，合理施肥，加强灌水，保留适当坐果数等措施防止其发生。

③强纤维果。果肉纤维发达、硬，食味差。根系吸收水分不足，可使果实内水分转移到叶片中引起强纤维果。特别是抗旱能力强的品种在成熟期出现土壤水分不足时发生较多。

④凸顶果及网纹发生不良。形成大果后，果皮硬化，阳光强烈直射果实局部，使果皮硬化加快，果实形成网纹的能力不足，便会产生不发生网纹（秃顶果）现象或者即使发生也不均匀（网纹发育不良）的现象。其原因是由于氮素吸收过多和空气湿度下降。栽培管理上可采取维持植株长势、控制氮肥施用、保留适当坐果数等措施加以防止。

(8) 发酵果

①症状。又称心腐果或化瓤果。从外观看，无网纹型甜瓜果皮出现浓绿色水渍状斑点，用手捺压，果面柔软；把果实切开，发现果肉呈水浸状，肉质变软，出现酒味和异味，不堪食用。

②原因。采收不及时，果实过熟；果实膨大期间需要高温，因而许多瓜农此期间都使温室中保持较高的温度，加之土壤缺水、氮肥过剩等原因，造成植株缺钙，使果肉细胞崩坏，糖分积累减少，品质下降。

③防治方法。适时采收，防止甜瓜果实过熟；生长前期保持水分

均衡供应，适时中耕，保持根系旺盛的吸收能力；避免一次性施用过量氮肥；生长期间向叶面喷施0.3%的氯化钙溶液，补充根系对钙的吸收不足。

生产上常见的药害主要有药液浓度大、配比不正确、喷雾及灌根方法不当、使用敏感农药等。

（1）正确选择农药　甜瓜属于不耐农药的作物，选用农药时必须慎重，如敌敌畏、二溴磷、苯硫磷、马拉硫磷、波尔多液等农药容易对甜瓜产生药害，一般在苗期不可使用，甩蔓后虽可使用，但要严格掌握使用时期和浓度。

（2）避免超量施药或高温施药　生产中常听到一些菜农反映打某种农药易化瓜，其实这就是一种药害。虽不一定是药剂本身造成的，至少与药量大或使用方法不当有关。如代森锰锌，在高温下或喷后遇到高温或使用浓度偏大极易产生药害，受害叶一般表现为皱缩僵硬，叶色黑绿。而在连续使用，特别是在低温下连续使用代森锰锌时，常易造成锰过剩症。锰过剩症又称褐色叶枯症，首先是叶的网状脉褐变，犹如铁锈水从叶脉内向外浸渗。对着阳光照看可见坏死斑，严重时植株枯死。叶内锰含量过高时，先是支脉褐变，然后主脉变褐色，随着叶内锰量再升高，叶柄刚毛也变黑，叶片枯干。另一种常见药害如一些菊酯类农药，高浓度使用，着药部位斑点呈淡黄色，与绿叶黄绿相间，严重时与病毒病相似。

（3）合理混配农药　有些菜农打药时图省事一次打药多种药剂混施，不顾秧苗是否需要，常常多种液肥、激素、农药混合施用，造成植株生长紊乱、叶片变厚、变脆等严重药害。

（4）正确使用生长调节剂　生产中滥用或过量使用保花药，使幼瓜生长受到抑制造成裂果；或在对瓜胎进行保花处理时，将药液喷施或滴落到幼嫩的生长点上或嫩叶上，造成抑制或刺激叶肉细胞不正常生长的症状。

(5) 均匀喷雾 另一些药害形式是喷雾时，对着叶片正面喷雾，同时，喷雾器喷头孔隙过大，药液叶面上分布不均匀，使某一区域内药残留量相对过高，造成药害；喷药后赶上高温、光照强，残留在叶面上的药液有时呈水滴状，中午光线强时，药滴像凸透镜一样，日光被折射后，聚光，很容易灼烧叶片。受害后，可见叶片有不规则的乳白色褪绿斑，边缘与健部分界明显，严重时连成一片，整个叶片干枯，似火烧状，后期湿度大时，易腐生些杂菌。

提　示　板

甜瓜生长期一旦发生药害，如植株未伤害到生长点，可以通过加强水肥管理促进快速生长。小范围秧苗受害，可尝试选用生长调节剂赤霉素喷施或施用3.4%康凯（碧护）7 500倍液进行调节。杀菌剂和除草剂应用两个喷雾器进行操作，以避免交叉药害发生。

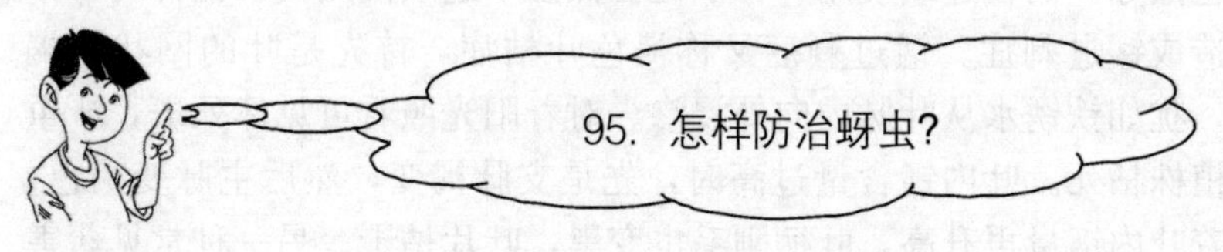

95. 怎样防治蚜虫？

(1) 症状 瓜蚜又叫棉蚜，俗称蜜虫、腻虫，为世界性害虫，在我国各地都有发生。其寄主繁多，分为越冬寄主和夏寄主。成虫和若虫均用口针吸取汁液为害。当嫩叶和生长点被害后，由于叶背被刺伤，生长缓慢，叶片卷缩，严重时卷曲成团，生长停止，甚至萎缩死

亡。瓜蚜还排泄蜜露，既阻碍叶片正常生长，又招致病菌寄生，在叶子上造成一层煤污斑，不但影响甜瓜产量，果实品质也严重下降。

（2）发生特点　瓜蚜冬季以卵在寄主上越冬，繁殖力很强，早春和晚秋 19～20 天完成一代，夏季 4～5 天完成一代。

温、湿度是影响瓜蚜数量消长的主要因素，春天气温稳定在 5℃以上时，瓜蚜的越冬卵就开始孵化。月平均气温稳定在 12℃以上时就开始繁殖。当气温平均超过 25℃，相对湿度超过 75%时瓜蚜的繁殖就受到抑制。气温超过 30℃，相对湿度达到 80%以上，瓜蚜数量大量下降。

（3）防治方法

①防治瓜蚜不仅是为了防止瓜蚜的直接危害，还有防止发生病毒病的作用。所以温室张挂反光幕，既有利于增加光照度，提高地温和气温，又有避蚜作用。

②育苗或定植前，用敌敌畏熏蒸温室，可减少蚜源。

③发现点片瓜蚜时，可施药挑治“中心蚜株”，能有效地控制瓜蚜的扩散。

④当瓜蚜普遍严重发生时，用敌敌畏毒土熏杀：每 667 $米^2$ 用 80%敌敌畏乳油 100～150 毫升，加细土 10～15 千克作载体，拌匀后撒施于叶下。

⑤可选用 25%阿克泰水分散粒剂 4 000～6 000 倍液，或 1%印楝素水剂 800 倍液，或 10%吡虫啉可湿性粉剂 1 000 倍液喷施。不同药剂应交替使用。

提　示　板

瓜蚜的天敌很多，包括多种瓢虫、多种食蚜蝇、草蛉、寄生蜂、螨类和寄生菌类。这些天敌对瓜蚜有一定的抑制作用。如大面积滥用农药，杀害了大量天敌则可酿成严重的蚜灾。

白粉虱在各地日光温室中都有发生，已成为日光温室蔬菜生产上一种主要害虫。白粉虱寄生范围很广，包括多种蔬菜、花卉，对瓜类为害比较严重。

(1) 症状 温室白粉虱以成虫和幼虫群集在叶背吸食汁液，使叶片退绿变黄，萎蔫甚至枯死。成虫和幼虫还能排出大量蜜露，引起煤污病的发生，污染叶片和果实，影响呼吸和同化作用，降低产品质量。此外，白粉虱还可传播病毒病。

(2) 发生特点 白粉虱在温室中可安全越冬，以各种虫态在蔬菜上繁殖为害。一般35～40天完成一代，数量可增长30倍以上，形成翌年虫源基地。春季和初夏该虫随移栽的菜苗传播和成虫飞行扩散，迁到下茬蔬菜或杂草上；秋季和初冬又以基本相同的途径迁入温室，完成年生活史。由于保护地和露地蔬菜生产紧密衔接和相互交错，可使白粉虱周年发生。

(3) 防治方法

①日光温室秋冬茬栽植较耐低温的绿叶蔬菜，可免受危害并能切断白粉虱的生活史，还能节省能源提高经济效益。

②培育“无虫苗”是关键性防治措施。具体做法是：冬、春季苗床要与生产温室分开，结合整地清除残株杂草，施用烟剂熏杀残余成虫；避免在白粉虱发生的温室内混栽育苗。

③在白粉虱发生初期，将黄板涂10号机油后挂于行间，略高于植株诱杀成虫；或用市售黏蝇诱杀卡，每667米^{2}挂15～20个，有效期可达1个月左右。黄板（卡）可兼治美洲斑潜蝇、蚜虫等。

④设施甜瓜上初见白粉虱成虫时，释放丽蚜小蜂“黑蛹”3～5头/株，每隔10天左右放一次，共放蜂3～4次，可有效控制白

粉虱发生。

⑤在白粉虱发生早期和密度较低时喷药。可用25%扑虱灵可湿性粉剂1 000～1 500倍液，或10%吡虫啉可湿性粉剂1 000～1 500倍液，或1.8%爱福丁乳油2 000～3 000倍液，或50%马拉硫磷乳油、40%乐果乳油各1 000倍液。注意轮换用药，延长杀虫剂使用年限和延缓抗性产生。

⑥当白粉虱发生较重时，用22%敌敌畏烟剂每667米^{2}0.5千克，于傍晚收工前将棚室密闭熏蒸，杀灭成虫。

提　示　板

新建大棚温室应在通风口设置防虫网，防止白粉虱迁入。露地瓜田应远离温室大棚，因棚室内越冬的白粉虱是瓜田的虫源，应尽可能使瓜田远离感染白粉虱的棚室，减少扩散机会。

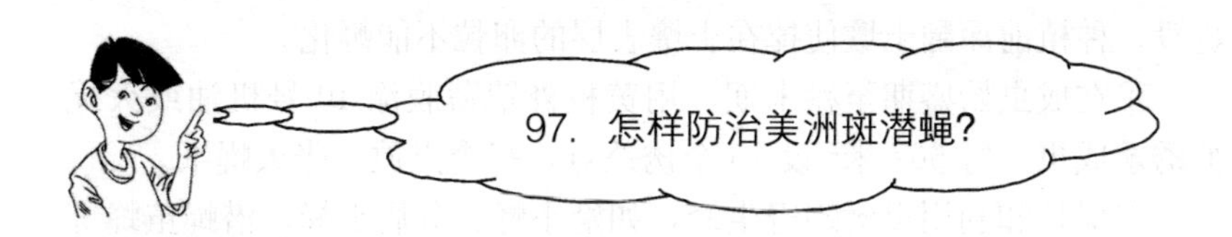

97. 怎样防治美洲斑潜蝇?

美洲斑潜蝇是近年来为害逐渐严重的一种害虫，严重为害瓜菜作物，已在我国大多数地区发生。农业部已将其列为全国植物检疫对象，进行严格管理。

(1) 症状　美洲斑潜蝇是一种多食性害虫，寄主广泛，其中瓜类作物受害较重。其成虫、幼虫均可为害，雌成虫飞翔过程中将植物叶片刺伤，取食并产卵，叶片上布满约0.5毫米的半透明的斑点，成虫产卵有选择高处的习性，以新生叶为多；幼虫潜入叶片和叶柄为害，产生不规则蛇形白色虫道，幼虫排泄的黑色虫粪交替地排在虫道两侧，虫道的长度和宽度随幼虫生长而增大，终端明显变宽。美洲斑潜蝇具有个体小、繁殖能力强、食量大等特点，偌大一片瓜叶，可在1周左右时间里被吃尽叶肉，仅留上下表皮，致使叶片叶绿素被破坏，影响光合作用，受害重的叶片干枯脱落。

(2) 发生特点 美洲斑潜蝇生长发育适宜温度为20～30℃，温度低于13℃或高于35℃时其生长发育受到抑制。正常情况下，美洲斑潜蝇一年可完成15～20代，若进入冬季日光温室，年世代可达20代以上。美洲斑潜蝇抗药性发展迅速，对目前市售的多种农药，如有机磷类、有机氮类、菊酯类均有极强抗性，一旦爆发，危害严重。因此必须引起重视，加强防治。

(3) 防治方法

①将斑潜蝇喜食的瓜类、豆类与其不为害的蔬菜进行轮作，或与苦瓜、芫荽等有异味的蔬菜间作。

②适当稀植，增加田间通透性。

③及时清洁田园，把被斑潜蝇为害的作物残体集中深埋、沤肥或烧毁。种植前深翻土壤使掉在土壤表层的卵粒不能孵化。

④在成虫始盛期至盛末期，用黄板外罩薄膜涂10号机油或灭蝇纸诱杀成虫，每667米^{2}设15个诱杀点，每个点放一张灭蝇纸。

⑤保护和利用斑潜蝇寄生蜂，如姬小蜂、分盾细蜂、潜蝇茧蜂等对斑潜蝇寄生率较高，不施药时，寄生率可达60%。此外，植物性杀虫剂绿浪2号、1%苦参素、苦瓜籽浸泡液、烟碱水等对美洲斑潜蝇的防效也较高。

⑥在受害作物叶片有幼虫5头时，掌握在幼虫2龄前喷洒巴丹原粉1 500～2 000倍液或1.8%爱福丁乳油3 000～4 000倍液、48%乐斯本乳油800～1 000倍液、5%蝇蛆净粉剂2 000倍液。

⑦施用昆虫生长调节剂5%抑太保2 000倍液或5%卡死克乳油2 000倍液，对潜蝇科用药后成虫产的卵孵化率低，孵出的幼虫死亡。防治时间掌握在成虫羽化高峰的8～12时，效果更好。

提　示　板

美洲斑潜蝇成虫飞翔力不强，在田间仅能进行短距离扩散。但幼虫在作物叶片中，可随种苗调运作远距离传播。该虫目前在我国虽已发生较普遍，但仍有部分地区尚未发生。因此，在种苗和产品调运过程中应严格检疫，防止该虫扩大蔓延。

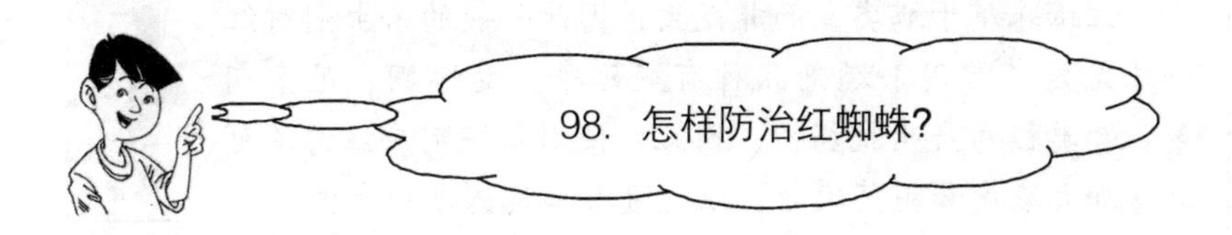

98. 怎样防治红蜘蛛?

红蜘蛛又称瓜叶螨，包括为害瓜类的二斑叶螨、朱砂叶螨、截形叶螨和土耳其斯坦叶螨。其中朱砂叶螨、二斑叶螨分布在全国各地，土耳其斯坦叶螨分布在新疆地区。

（1）症状　红蜘蛛主要为害瓜类、茄果类、豆类蔬菜和棉花，以成螨、幼螨、若螨在叶背面吸食汁液，为害初期，叶片正面出现针眼般的褪绿斑点，并逐渐变为灰白斑和红斑，严重时叶片枯焦脱落，田间呈现火烧状态。在叶片背面可看到许多小红点，就是红蜘蛛虫体。

（2）发生特点　红蜘蛛在北方以滞育态雌成螨在枯枝落叶、杂草根部、土缝或树皮中越冬，在温室内冬季可继续活动。早春气温达10℃时开始繁殖，4～5月间从越冬寄主迁入棚室内。初发生时有点片阶段，再向四周扩散，在植株上首先为害下部叶片，再向上部叶片转移。成螨和若螨靠爬行、吐丝下垂在株间蔓延，或农事操作由人、工具传播。生长发育和繁殖最适温度为29～31℃，相对湿度35％～55％，因此在高温干旱时发生严重。

(3) 防治方法 ①清除路边、田埂、田间杂草及枯枝落叶，耕翻土地，减少虫源；②天气干旱时，加强灌溉，增加田间湿度，不利于其发育和繁殖；③增施磷钾肥，提高植株的抗螨害能力；④生物防治：施放天敌拟长毛钝绥螨进行捕杀；⑤用 1.8%虫螨克乳油 3 000 倍液，或 20%哒螨灵乳油 1 500 倍液，40%天王星乳油 3 000 倍液，73%克螨特乳油 2 000 倍液，40%尼索朗乳油 2 000 倍液喷施。

提 示 板

红蜘蛛属于螨类，而非昆虫，因此一般的杀虫剂对红蜘蛛无效。常用杀螨剂品种有螨死净、哒螨酮、尼索朗等。螨类极易产生抗药性，因此，使用杀螨剂应注意不可随意加大浓度和施药次数，以延缓害螨抗药性的产生。

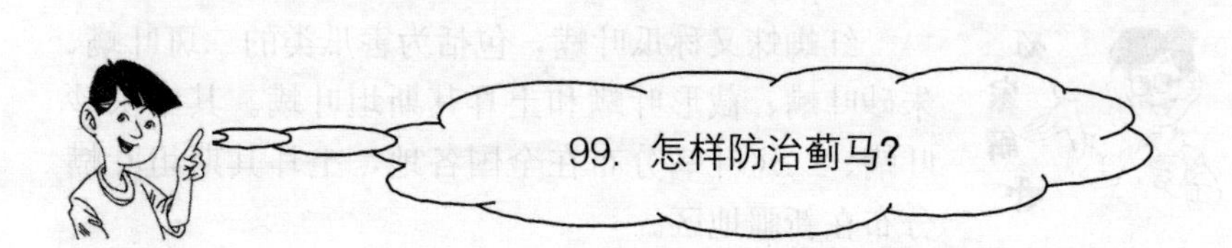

99. 怎样防治蓟马?

名家解答

蓟马种类很多，其中为害瓜类的蓟马主要有烟蓟马（又称棉蓟马、葱蓟马）和黄蓟马（又称瓜亮蓟马、忍冬蓟马）。

(1) 症状 主要为害茄果类、瓜类和豆类蔬菜。以成虫、若虫锉吸植株心叶、嫩芽、嫩叶、幼果汁液，使被害植株心叶不能正常展开，嫩芽、嫩叶卷缩，出现丛生现象；幼果受害后，茸毛变黑褐色，果实畸形，生长缓慢，严重时造成落果。被害果（瓜）皮粗糙有斑痕，布满“锈皮”，严重影响产量和品质。

(2) 为害特点 成虫体长仅 1.4～1.7 毫米，体色淡黄色至褐色。1 年可发生 20～21 代，世代重叠。成虫活跃、善飞、怕光，以孤雌

生殖为主，卵散产于叶肉组织内。若虫也怕光，到 3 龄末期停止取食，落入表土化蛹。高温、空气和土壤湿度低，化蛹和羽化率高，危害重。

(3) 防治方法　清除田间附近杂草，减少虫源；覆盖地膜，阻止化蛹。由于蓟马虫体微小，常生活于芽、花等隐蔽处，高繁殖性，短生活期，而且卵产于作物组织中，防治难度较大。当每株虫口达3～5头时即应喷药防治，可用 20％好年冬 1 000 倍液，或 5％高效大功臣 1 000～1 500 倍液，或 25％吡虫啉 3 000 倍液，或 40％七星宝 800 倍液，或 2.5％菜喜悬浮剂 1 000 倍液，或 0.3％印楝素乳油 400 倍液，70％艾美乐水分散粒剂 15 000 倍液轮换喷雾防治。在苗期、开花前和花期各喷 1 次，连喷 3 次。喷药重点是植株的生长点、嫩叶背面、花蕾。在蓟马大发生时也可结合浇水冲施杀蓟马的农药，以消灭地下的若虫和蛹。

提　示　板

蓟马对蓝色有强烈趋性，可在温室近地面处每 667 米^{2}设置 30~35 块 20 厘米 × 30 厘米的蓝色黏虫板，同时每隔 7~10 天要清除一次黏虫板上的蓟马并补刷机油。

参考文献

陈年来，等．2008. 甜瓜标准化生产技术．北京：金盾出版社．

国家西甜瓜产业技术体系．2011. 全国甜瓜主要优势产区生产现状（一）（二）．中国蔬菜（17）：15-16.

吕凡建，等．2006. 优质甜瓜亩创4000元关键技术．北京：中国三峡出版社农业科教出版中心．

孙茜，等．2007. 甜瓜疑难杂症图片对照诊断与处方．北京：中国农业出版社．

孙政才．2009. 西瓜、甜瓜100问．北京：中国农业出版社．

王倩，孙令强，孙会军．2007. 西瓜、甜瓜栽培技术问答．北京：中国农业大学出版社．

王俊霞．2011. 水肥一体化在日光温室中的应用．农业技术与装备（7）：20-21.

王久兴，李香艾．2006. 图文精解设施果蔬栽培经验：甜瓜分册．北京：科学技术文献出版社．

王亚林，等．2008. 甜瓜高效益生产关键技术问答．北京：中国林业出版社．

徐永阳，徐志红，等．2009. 甜瓜优质高产栽培技术．北京：中国农业科学技术出版社．

徐志红，等．2007. 怎样提高甜瓜种植效益．北京：金盾出版社．

张管曲，等．2007. 西瓜、甜瓜病虫害识别与无公害防治．北京：中国农业出版社．

翠宝甜瓜

京玉5号

IVF185

IVF55

金妃甜瓜

京玉352

玉翡翠

金利1号

绿天使

鸿运1号

甜 瓜 育 苗

温室育苗

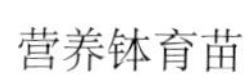

营养钵育苗

泥炭营养块育苗

嫁接苗

地膜小拱棚双膜覆盖栽培甜瓜

塑料中棚种植的薄皮甜瓜

塑料大棚定植前撒施农家肥

塑料大棚甜瓜吊蔓栽培

日光温室甜瓜定植初期

竹木结构日光温室栽培甜瓜

大棚内直立栽培的厚皮甜瓜

日光温室甜瓜吊蔓栽培

日光温室自走式卷帘机

日光温室固定式卷帘机

甜瓜单蔓整枝去除侧枝

甜瓜的“结实花”

甜瓜熊蜂授粉

经过激素处理的甜瓜

瓜前留一片叶摘心

甜瓜坐果期

厚皮甜瓜子蔓留果

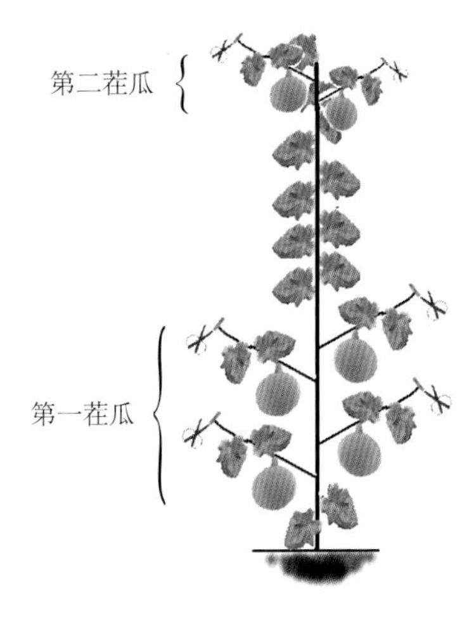

薄皮甜瓜单蔓整枝示意图

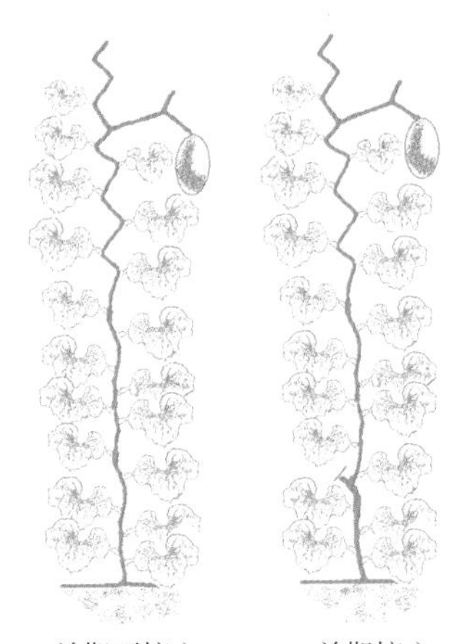

厚皮甜瓜的两种单蔓整枝方式示意图

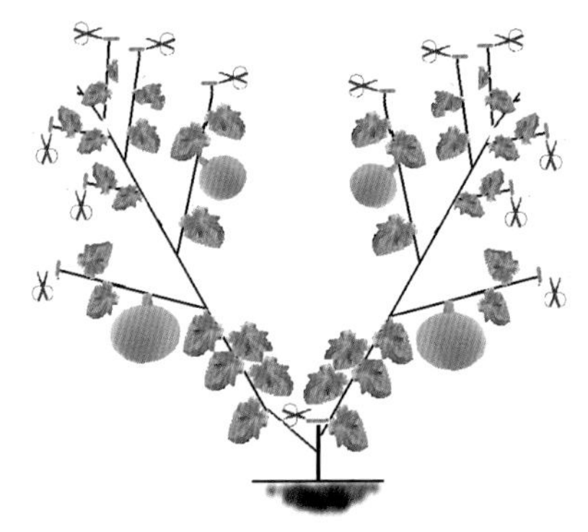
双蔓整枝示意图

采用单蔓整枝的甜瓜植株

采用双蔓整枝的地爬甜瓜

甜瓜化瓜

甜瓜白粉病

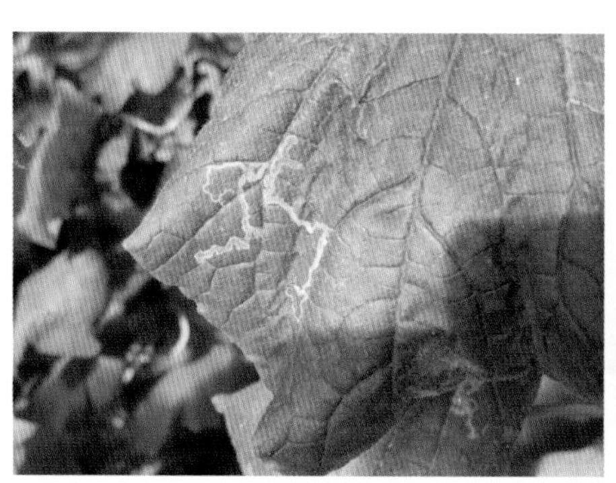

斑潜蝇为害

蚜虫为害

黄板诱杀害虫

蓝板诱杀害虫